Die sieben Lügenmärchen von der Arbeit

Dr. Marco von Münchhausen ist Jurist, Trainer, Berater, Autor mehrerer Bestseller und Nachfahre des berühmten Lügenbarons. Mit den psychologischen Hindernissen auf dem Weg zu Erfolg und Zufriedenheit beschäftigt er sich seit vielen Jahren; in Gesprächen mit Berufstätigen aller Ebenen ist er auf die in der Arbeitswelt weitverbreiteten Lügenmärchen gestoßen, mit denen er charmant und unterhaltsam aufräumt.

Marco von Münchhausen

Die sieben Lügenmärchen von der Arbeit

... und was Sie im Job wirklich erfolgreich macht

Campus Verlag
Frankfurt/New York

Bibliografische Information der Deutschen Nationalbibliothek:
Die Deutsche Nationalbibliothek verzeichnet diese Publikation in der
Deutschen Nationalbibliografie. Detaillierte bibliografische Daten sind im
Internet unter http://dnb.d-nb.de abrufbar.
ISBN 978-3-593-38787-1

Copyright © 2010 Campus Verlag GmbH, Frankfurt am Main
Umschlaggestaltung: ZERO, München
Satz: Fotosatz L. Huhn, Linsengericht
Druck und Bindung: Druck Partner Rübelmann, Hemsbach
Gedruckt auf Papier aus zertifizierten Rohstoffen (FSC/PEFC).
Printed in Germany

Besuchen Sie uns im Internet: www.campus.de

Inhalt

I Einführung

Er trug einen schicken Dreispitz, flog auf einer Kanonenkugel, ritt auf einem halben Pferd durch Russland und traf auf seinen wunderbaren Reisen zu Wasser und zu Lande die merkwürdigsten Menschen, die ihm von den unglaublichsten Abenteuern berichteten. Kennen Sie Baron Karl Friedrich Hieronymus von Münchhausen, den berühmten Lügenbaron? Stand ein Buch seiner gesammelten Abenteuergeschichten im Regal Ihres Kinderzimmers – oder eine Schallplatte? Erinnern Sie sich an diese merkwürdig-altertümliche Sprache? (»Glaubt's nur, Ihr gravitätischen Herrn! Gescheite Leute narrieren gern!«) Ich werde immer ein wenig melancholisch, wenn ich dieses alte Buch zur Hand nehme – zumal ich Karl Friedrich Hieronymus ja zu meinen Ur-Ur-Ur-Ahnen zählen darf.

1786 erschien die erste Sammlung phantastischer Geschichten des Lügenbarons, die diesem mit wenigen Ausnahmen in den Mund gelegt wurden – womit er überhaupt nicht einverstanden war. Ja, er hatte zwar in 20 Jahren Hof- und Militärdienst eine Menge erlebt, und ja, er hatte einen starken Hang zum Fabulieren – allerdings »nicht nur aus Spaß an der Sache, sondern bezeichnenderweise auch mit der Absicht, Aufschneidereien und Prahlereien, die Anspruch auf Wahrheit erheben, durch bewusste Übertreibungen zu entlarven« – so Volker Hoffmann, Professor für Germanistik an der Ludwig-Maximilians-Universität München.

Das Publikum des 18. Jahrhunderts liebte satirische Reisegeschichten und literarische Spitzen gegen die Kompliziertheiten deutscher Gelehrter und hedonistischen Vorlieben französischer Schöngeister.

Die »Wunderbaren Reisen zu Wasser und Lande, Feldzüge und lustige Abenteuer des Freiherrn von Münchhausen, wie er dieselben bei der Flasche im Zirkel seiner Freunde selbst zu erzählen pflegt« wurden in Deutschland und England schnell populär, immer wieder aufgelegt und immer weiter gesponnen.

In diesem Buch möchte ich den Versuch unternehmen, die Geschichten meines frühen Vorfahren fortzuschreiben – allerdings mit verändertem Fokus, denn Jagd- und Lustpartien, Seefahrt und Türkenkrieg, Hühnerhunde, Postkutschen und Bären sind ein wenig aus der Mode gekommen. Wenn Sie heute »bei der Flasche im Zirkel Ihrer Freunde« zusammensitzen, drehen sich Ihre Geschichten um eine andere Welt – möglicherweise häufig um die Welt der Arbeit. Vielleicht gehören auch bei Ihnen folgende Themen zu den Dauerbrennern, die ganze Grillabende anheizen können:

- ♦ *»Die Kollegin hat schon wieder eine Gehaltserhöhung bekommen, obwohl sie überhaupt nichts kann.«*
- ♦ *»Mein Job ist furchtbar, aber ich kann doch nicht einfach kündigen. So eine sichere Stelle finde ich nie mehr!«*
- ♦ *»Ich bin total gestresst. Jetzt soll ich auch noch den Job von zwei Kollegen übernehmen. Seit dieser Finanzkrise spielen sowieso alle verrückt.«*
- ♦ *»Mein Chef verschleudert unglaublich viele Ressourcen. Montags lässt er uns alle in die eine Richtung rennen, mittwochs pfeift er uns zurück und schickt uns in die andere Richtung. Mir ist das egal, ich kriege ja mein Geld.«*
- ♦ *»Mein Kollege lässt mich schon wieder hängen, ein richtiges Team-Schwein.«*
- ♦ *»Ich reibe mich auf in meinem Job, und wer dankt es mir? Niemand!«*
- ♦ *»Ich soll schon wieder in einem Hochseilgarten herumturnen, obwohl sich auf meinem Schreibtisch die Arbeit türmt. Die spinnen doch, diese Personaler.«*

Geschichten wie diese interessieren mich sehr. Ich bin ihnen nachgegangen – und habe dabei versucht, die innere Haltung des Lügenbarons einzunehmen. Was wird da erzählt? Wer übertreibt wo? Was ist schlicht und ergreifend gelogen?

Ich habe lange recherchiert, weil ich es zunächst selbst nicht glauben wollte: Es wird unglaublich viel gelogen – aber meistens geschieht das ohne Absicht. Die Lügen nämlich verstecken sich in den Grundannahmen, die hinter vielen Geschichten stecken. Es wimmelt von Überzeugungen, die nicht hinterfragt werden. »Wenn mein Chef mich mehr loben würde, wäre ich zufriedener« ist so eine Annahme – man könnte sie auch einen »Mythos der Arbeitswelt« nennen. Oder: »Stress macht doch nur krank – je weniger ich zu tun habe, desto zufriedener bin ich.« Diese Thesen werden so häufig und in einem solchen Brustton der Überzeugung vorgetragen, dass sich keiner mehr darüber wundert. Aber: Stimmen sie tatsächlich?

Eben nicht! Viele der vermeintlichen Wahrheiten, die sich um den Job drehen, sind in Wirklichkeit Lügenmärchen, die nicht nur unseren beruflichen Erfolg (und damit auch den Unternehmenserfolg), sondern auch unsere Lebensfreude ausbremsen. Ich habe in diesem Buch sieben Grundannahmen unter die Lupe genommen, die mir besonders verbreitet und besonders unglaublich erscheinen – und die besonders viel Schaden anrichten.

- ◆ 1. Lüge: »Je mehr Geld ich verdiene, desto glücklicher bin ich«
- ◆ 2. Lüge: »Nur ein sicherer Job ist ein guter Job«
- ◆ 3. Lüge: »Je leichter der Job, desto besser das Leben«
- ◆ 4. Lüge: »Ob mein Job einen Sinn hat oder nicht, ist doch egal«
- ◆ 5. Lüge: »Ohne mich läuft hier gar nichts«
- ◆ 6. Lüge: »Ohne Lob kann ich nicht arbeiten«
- ◆ 7. Lüge: »Ich habe doch längst ausgelernt – wozu Weiterbildung?«

Es ist es höchste Zeit, diese Lügenmärchen zu entlarven.

Und so gedenke ich also, meine verehrten Damen und Herren, Ihnen sieben Geschichten aus der Arbeitswelt zu erzählen, die mir merkwürdig und unterhaltend scheinen, und die in vielerlei Hinsicht Ihren Glauben übersteigen werden, was ich Ihnen gerne verzeihe, übersteigen sie doch oftmals auch meinen eigenen Begriff. In der Tat sind ja manche Beobachter bisweilen imstande, mehr zu behaupten, als genau genommen wahr sein mag. Daher ist es denn kein Wunder, wenn Leser oder Zuhörer ein wenig zum Unglauben geneigt werden. Sollten indessen einige von der Gesellschaft an meiner Wahrhaftigkeit zweifeln, so muss ich sie wegen ihrer Ungläubigkeit herzlich bemitleiden und sie bitten, sich gut an ihrem aufgepolsterten Sofa festzuhalten, weil ich jetzt beginne, meine Abenteuer ebenso aufrichtig wie ungeschminkt zu erzählen.

Zum Aufbau dieses Buches

Jedes der sieben Kapitel dieses Buches beginnt mit einem *Lügenmärchen* in der Manier meines Ahnherrn Karl Friedrich Hieronymus. Viele dieser Lügenmärchen gehen auf wahre Erlebnisse zurück – wobei ich mir einen Spaß daraus gemacht habe, die Begebenheiten zu überzeichnen und ein wenig mit der Sprache des 18. Jahrhunderts zu spielen. (Sollten Germanisten unter den Lesern sein, die sich auf dieses Idiom spezialisiert haben, so mögen sie mir kleinere oder größere Stilbrüche verzeihen.)

Im zweiten Schritt gehe ich der Frage nach, wie das Lügenmärchen in unserem Alltag gelebt wird, oder anders gesagt: Was der *wahre Kern des Lügenmärchens* sein mag. Es ist der Ausgangspunkt jeder meiner Überlegungen – der Punkt, an dem ich die Recherche jeweils begonnen habe.

Im dritten Schritt wird die Lüge seziert: Was stimmt nicht an unserem Lügenmärchen? *Warum geht die Formel nicht auf?* Hier stelle ich Argumente vor, die das jeweilige Lügenmärchen infrage stellen.

Im vierten Abschnitt eines jeden Kapitels zeige ich dann *Gründe auf, warum wir besser leben und arbeiten können*, wenn wir uns von unseren Lügenmärchen frei machen.

Punkt fünf schließlich gibt Ihnen konkrete Hilfestellungen an die Hand, die Sie dabei unterstützen können, tatsächlich *Schluss mit der*

Lüge zu machen und fortan so zu arbeiten und zu leben, wie *Sie* das selbst wollen – anstatt blind einem Märchen zu folgen.

Am Schluss jedes Kapitels finden Sie dann *Fragen zum Selbstcoaching*, die ganz gezielt auf Ihr Leben und Ihren Beruf eingehen: Wie leben und arbeiten Sie jetzt? Was möchten Sie ändern, und wie möchten Sie das tun? Angehende und gestandene Manager unter den Lesern finden den zusätzlichen Block *Extra-Coaching für Führungskräfte* mit Fragen zur Personalführung und Personalentwicklung, die Sie dabei unterstützen können, mit den sieben schlimmsten Lügenmärchen, die in Ihren Teams kursieren, endlich aufzuräumen.

II Sieben unglaubliche Lügenmärchen aus der wundersamen Welt der Arbeit

Erstes Lügenmärchen

»Je mehr Geld ich verdiene, desto glücklicher bin ich«

Das Geld, das man besitzt,
mag wohl für viele das Mittel zur Freiheit sein,
doch das, dem man nachjagt,
ist das Mittel zur Knechtschaft.

Jean-Jacques Rousseau

*E*ines Morgens reiste ich früh aus meinem Hause ab, um zu einem Zuge zu eilen, der mich zu einem Kunden bringen sollte. In diesem Zug begegnete ich einem jungen Manne, der in der Welt der Wirtschaft außerordentliche Dienste geleistet haben muss, so beschwert war er mit Markenuhr, Füllfederhalter, modernsten Klapprechnern, glänzenden Kleintelefonen und Aktenkoffern aus Aluminium, von denen der Eingeweihte weiß, dass sie am Markte für viel Geld gehandelt werden. Er jonglierte beiläufig mit einer extra-entspiegelten UV-Schutz-Designer-Sonnenbrille und einem Schlüsselbunde, von dem, unschwer zu erkennen, mehrere Schlüssel für teure Wagen baumelten. »Warum nehmen Sie den Zug, wenn Sie vortreffliche Wagen Ihr Eigen nennen, mein Herr?«, fragte ich höflich. Der Herr musterte mich, und ließ sich dann herab, mir zu antworten: »Ich hatte heute Lust dazu. Abgesehen davon, raubt mir mein Chauffeur den letzten Nerv. Er wäscht meine Wagen so oft, dass der Lack zu leiden beginnt. Ich habe ihn aus meinem Haus geworfen.« »Das ist ein schweres Schicksal«, erwiderte ich. »Sie sagen es«, antwortete der Herr mit einem gequälten Lächeln. »Solcherart Sorgen hatte ich nicht, als ich in einer Ein-Raum-Wohnung lebte, meine Hemden selbst bügelte, mein Essen selbst zubereitete, und jeden Morgen mit meinem klapprigen Golfe zur Arbeit fuhr. Doch nach zwei Jahren schon beförderte mich mein damaliger Herr in eine herausgehobene Position, die mir mehr Geld einbrachte, was mich sehr beglückte. Als ich nach weiteren zwei Jahren erneut befördert wurde, wiederum zwei Jahre später die Firma wechselte, um noch mehr Geld zu verdienen, und nach abermals zwei Jahren über so viel Geld verfügte, dass ich mir eine eigene Unternehmung leisten konnte, da war mein Glück noch größer. Denn nun lege ich mir Dinge zu, die mir meine knappe Zeit verschönern und verlängern. So habe ich denn rasende Automobile, Boote und Flugzeuge. Ich habe ein Schwimmbad, einen Golfplatz und ein Kino, damit ich mir die Anreise zu diesen Vergnügungen sparen kann. Ich habe auch einen Hubschrauber, der mich zu meiner Privatinsel bringt, sobald ich ein wenig Zeit habe.«

*Ich war nicht schlecht erstaunt. »Dann haben Sie wohl ein sehr
schönes und angenehmes Leben?«, fragte ich. »Ja«, sagte der Herr.
»Meine 52 Bediensteten laufen von morgens bis abends um mich
herum, um mir mein Leben angenehmer zu gestalten. Leider muss
ich jeden einzelnen von ihnen kontrollieren und antreiben – aber
so ist es nun mal mit dem heutigen Personal. Jeden Abend kommen
an die 1 000 Gäste, um mit mir auf meinen Erfolg anzustoßen, um
Austern zu knacken und Hummer zu speisen. Ja, ich kann wohl
sagen, dass Geld mich glücklich macht. Je mehr ich habe, desto
glücklicher werde ich.« Als der Zug im nächsten Bahnhofe hielt,
erhoben sich 27 flinke Diener, die unbemerkt im Großraumwagen
gesessen hatten, rafften wohl an die hundert Gepäckstücke zusammen, und der Herr verließ den Zug mit großem Pompe. Wie sehr ich
über diese Begegnung erstaunt war, meine verehrten Damen und
Herren, können Sie sich leicht vorstellen.*

»Am Golde hängt, zum Golde drängt doch alles«

Finden Sie diese Geschichte übertrieben? Natürlich ist sie das, allerdings nicht ganz frei erfunden! Ich habe mich an die Erzählung eines
Bekannten angelehnt, der kürzlich eine ähnliche Story von einem
superreichen Inder zum Besten gegeben hat. Geld, viel Geld – das fas-
ziniert uns. Und diese Faszination ist eine Konstante unserer Kultur.

Vielleicht haben Sie in der Schulzeit Goethes *Faust* gelesen (aus
dem die Überschrift zu diesem Unterkapitel stammt). Sicher erinnern
Sie sich an den Goldesel aus Ihrem Märchenbuch, der Dukaten hervor-
bringt als Lohn für den guten Müllergesellen – und an Pechmarie, die
wegen ihrer Faulheit von Frau Holle eben nicht mit Gold überschüttet
wurde. Möglicherweise kennen Sie das Lied »Wenn ich einmal reich
bin« aus dem Musical *Anatevka*, und vielleicht empfinden auch Sie
eine gewisse Faszination, wenn Sie Biografien von Personen lesen, die
es »vom Tellerwäscher zum Millionär« gebracht haben – oder die ein-

fach so unermesslich reich und oft auch reichlich *crazy* sind, wie es Paris Hilton ist oder Michael Jackson war.

Ob Mythos, Märchen, Musical oder Magazin – es ist immer die gleiche Story: Die Protagonisten jagen Geld, Gold und Reichtum hinterher, auf der Suche nach Glück.

»Geld = Glück« – auf diesem Grundgedanken beruht unsere Kultur (insbesondere die protestantische Ethik ist eng verbunden mit dem Streben nach materiellen Gütern), unser Wirtschaftsleben und Leistungsstreben. Und das nicht erst seit den Wirtschaftswunderjahren des vergangenen Jahrhunderts, in denen Sonntagsbraten, Waschmaschine, Pkw und Eigenheim als erste Treppenstufen zum Paradies auf Erden galten.

Es scheint uns schon in die Wiege gelegt zu sein, dieses tief in der Psyche verankerte Evolutionsprogramm, immer etwas mehr besitzen zu wollen, als wir gerade haben. »Geld ist für Menschen das, was Käse für die Mäuse ist: eine Belohnung«, erklärte der Schweizer Ökonom Ernst Fehr jüngst in einem *Zeit*-Artikel. »Bekommt eine Maus ein Stück Käse, freut sie sich. Man erkennt das daran, dass ihr Gehirn Glückshormone auslöst.« Beim Menschen der Antike sei das vermutlich ähnlich gewesen. Er war nicht deshalb zufrieden, weil er Geld bekam, sondern weil er sich damit Brot kaufen und seinen Hunger stillen konnte. Der moderne Mensch aber sei anders gestrickt. Seine Hormone strömen, sobald er Geld bekommt – ganz gleich, ob er gerade Hunger hat oder nicht, oder ob er schon alles besitzt, »wie jene Millionäre, die um weiterer Millionen willen Steuern hinterziehen«. Er fühlt sich belohnt. Denn, so Fehr, »Geld ist nicht mehr nur ein Tauschmittel, es ist zur eigenständigen Größe geworden. Der Mensch will es besitzen, weil es ihm ein gutes Gefühl verschafft.«

Wenn er dagegen Gefahr läuft, es zu verlieren, kann Panik ausbrechen. »Die Angst ums Geld ist wie die Angst vorm Verhungern«, erklärte der Psychiater Borwin Bandelow in einem Interview mit der *Süddeutschen Zeitung*. Bandelow beschäftigt sich seit Jahrzehnten mit Urängsten der Menschen. Diese zeigen sich etwa, wenn an der Börse Panik ausbricht: Da folgen Banker plötzlich nicht mehr ihrer Vernunft, sondern überlassen ihren Emotionen das Ruder. Man kann, so Bandelow, diese überraschende Verhaltensänderung auf den banalen Gedanken zurückführen, dass sie plötzlich Angst vor dem Verhungern haben. »Wann immer ein Tier vor dem Verhungern ist, läuft nichts mehr über das Vernunftsystem. Diese Urangst des Verhungerns steckt auch bei den Menschen hinter der Verlustangst um das Geld.«

Geld ist also für uns zum einen überlebenswichtig, von existenzieller Bedeutung, zum anderen ist es das vermeintlich wichtigste Mittel, um Glück und Erfüllung zu erlangen. Es ist etwas, mit dessen Hilfe wir glauben, unsere tiefsten Wünsche verwirklichen zu können. Es ist eine Projektionsfläche für das, was wir uns wünschen: »Liebe, Freiheit, Alles« – um ein Graffiti zu zitieren, das ich neulich auf einem kleinen alten Auto in Frankfurt am Main sah.

Wir leben in einer »Geldgesellschaft«, in der das Geld eher den Menschen als der Mensch das Geld im Griff hat. Und da fast alle nach der Gleichung »Geld = Glück« und damit auch »viel Geld = viel Glück« handeln, fällt es schwer zu erkennen, dass dies möglicherweise eine riesige Illusion ist. Doch was ist nun die Wahrheit?

Geld = Glück: Diese Formel ist falsch

Bei Münchhausens Lügenmärchen war und ist es jedem Leser sofort erkennbar, dass sie frei erfunden, völlig unrealistisch, einfach unwahr sind – genauso, wie das bei der hier vorgesponnenen Geschichte vom reisenden Millionär der Fall ist. Im Alltag erkennen wir den Illusionscharakter der Formel *Geld macht glücklich* häufig nicht, was auch nicht verwundert, hat sie doch – wie so viele Lügengeschichten – einen wahren Kern.

Wenn es um die »Angst vor dem Verhungern« geht, ist Geld sehr wohl essenziell für die Lebenszufriedenheit und das Glücksempfinden eines Menschen. Bis zu einer bestimmten Einkommensstufe, die zur *Abdeckung der Grundbedürfnisse* einschließlich Bildung und medizinischer Versorgung erforderlich ist, spielt die finanzielle Situation in Sachen Glück und Unglück eine entscheidende Rolle. Insofern schneiden auch Länder mit hohem Einkommen bei der Frage nach der Zufriedenheit im Leben relativ gut ab. Das Einkommen, das zum zufriedenen Leben reicht, liegt in Industrieländern zwischen 20 000 und 40 000 Euro im Jahr – so zumindest die Einschätzung der Deutschen Bank, die in ihrem Unternehmer-Magazin *Results* das Thema Glücksforschung aus Bankersicht unter die Lupe genommen hat.

Wenn allerdings die Grundbedürfnisse erfüllt sind, dann macht mehr Geld nicht automatisch mehr Spaß, sondern es gilt, was schon Großmutter wusste: »Geld macht nicht glücklich(er)«, oder wie es Wissenschaftler heute ausdrücken: »Glück und Geld haben eine Nullkorrelation.« Geld beruhigt sicherlich, aber glücklicher macht es nicht.

Denken Sie an die Generation, die Deutschland in den Wirtschaftswunderjahren zum Exportweltmeister gemacht und seine Wirtschaftsleistung vervierfacht hat. Sind sie heute zufriedener als in den 1950er Jahren?

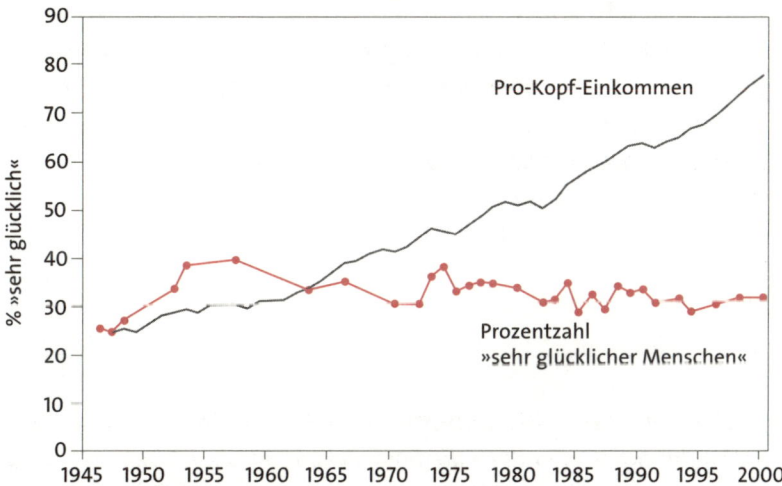

Entwicklung von Einkommen und Glück in den USA
Quelle: Richard Layard, *Die glückliche Gesellschaft. Kurswechsel für Politik und Wirtschaft.* Frankfurt/New York, Campus 2005

In den 1970er Jahren begann der amerikanische Wirtschaftswissenschaftler Richard Easterlin diese Frage zu erforschen und kam zu einem damals erstaunlichen Ergebnis: Trotz Wirtschaftswachstum und den damit einhergehenden Einkommenssteigerungen ist in den westlichen Ländern die Lebenszufriedenheit nicht gestiegen. Diese Erkenntnis ist als das so genannte Easterlin-Paradoxon in die Wirtschaftsliteratur eingegangen.

Vier Gründe, warum Geld nicht glücklich macht

»Die besten Dinge im Leben sind nicht die, die man für Geld bekommt« – das wusste schon Albert Einstein. Zeit, menschliche Zuneigung, Gesundheit (allenfalls deren Reparatur) und Seelenfrieden kann man nicht kaufen. »Das weiß ich doch selbst«, mögen Sie denken. »Aber ich bin auf der Suche nach einem neuen Mini-Notebook, mit dem ich unterwegs meine E-Mails abrufen und surfen kann. Diese Rechner sind sehr schick, sehr praktisch und ziemlich cool. Wenn ich so etwas im Job hätte, würde mich das wirklich glücklich machen.« Ja, das kann schon sein. Aber aufgrund der komplizierten »Psychologie des Geldes« würde dieses Glück nicht lange anhalten. Drei Ursachen sind dafür verantwortlich: der Gewöhnungseffekt, die kontinuierliche Anspruchssteigerung und die verhängnisvolle Vergleichsfalle. Außerdem scheint zuviel Geld das Glück zu vertreiben.

Der Gewöhnungseffekt

Seit seinem 16. Lebensjahr träumte Michael F. von einem Porsche. Zehn Jahre später hatte er endlich die finanziellen Mittel, sich seinen großen Wunsch zu erfüllen. Überglücklich und stolz stieg er jeden Morgen in sein neues Prachtstück, um zur Arbeit zu fahren, und er hatte in den ersten Monaten durchaus das Gefühl, sein Leben habe erheblich an Quali-

tät gewonnen. Doch unmerklich und langsam gewöhnte er sich an den Sportwagen. Und bald gehörte er zu seinem Lebensinventar wie sein Penthouse, seine Marken-Anzüge, seine Hi-Fi-Anlage und seine häufigen Besuche erstklassiger Restaurants. Schon kurze Zeit später war von dem besonderen Glücksgefühl der Anfangsphase mit seinem Porsche wenig übrig. Er hatte das Gefühl, ein Porsche sei irgendwie »normal« und schielte heimlich auf die noch größeren und noch teureren Wagen, die seine Geschäftspartner fuhren.

Nicht viele Menschen kommen in die Verlegenheit, sich mit ihrem Sportwagen zu langweilen – das ist klar. Doch vielleicht kennen Sie ähnliche Erfahrungen aus Ihrem Job: Das höhere Gehalt erscheint schon bald selbstverständlich, das gestiegene Budget, die größere Personalverantwortung, der Assistent, das schicke neue Notebook für Dienstreisen, die nächste Dienstwagenklasse. Je mehr Sie verdienen, desto eher können Sie Reisen in exotische Regionen unternehmen. Und auch hier kommt es zu einem ähnlichen Effekt: Thailand kennen Sie, dann entdecken Sie Bali, und danach Dubai, und dann fliegen Sie auf den Mond, und stellen fest: So toll ist das auch nicht... – Sorry, ich übertreibe schon wieder. Aber in kleinerem Format ist doch ein Körnchen Wahrheit dran:

Vor einiger Zeit besuchte ich einen Geschäftspartner, der in einem Haus direkt am Chiemsee wohnt. Als ich auf die Terrasse trat und eine Bemerkung zu dem atemberaubenden Panorama machte, erwiderte er: »Ach ja, der See! Schön, nicht? Aber wissen Sie, ich habe mich schon so daran gewöhnt, manchmal sehe ich ihn gar nicht mehr.«

Erschreckend? Vielleicht. Aber eben leider auch normal. Es ist letztlich das Prinzip, das in der Wirtschaft als *Grenznutzeneffekt* bekannt ist oder auch als »Grundsatz vom geringeren Mehrwert des zweiten Stück Kuchens«: Im Verhältnis zum Genuss des ersten Stücks Apfelkuchen nehmen die subjektiv empfundenen Genusseinheiten beim zweiten Stück ab. Lebensfreude lässt sich durch Wiederholung nicht einfach addieren.

So wird das Mehr verhältnismäßig immer weniger. Es ist ein natürlicher Mechanismus: Bestimmte Reize blenden wir, wenn sie wiederholt vorkommen, mit der Zeit aus und richten unsere Aufmerksamkeit auf neue Ziele.

Bei negativen Reizen mag das sogar hilfreich sein. Wer beispielsweise an einer Kreuzung wohnt und schon nach kurzer Zeit den Verkehrslärm gar nicht mehr registriert, wird sich viel wohler fühlen, als wenn er jedes Hupen und Reifenquietschen bewusst wahrnehmen würde. Doch bei den positiven Dingen im Leben kann dieser Mechanismus unserem Zufriedenheitsgefühl im Weg stehen. Die große Gefahr ist, all die Reichtümer im Leben mit der Zeit für selbstverständlich zu nehmen, abzustumpfen, übersättigt zu werden oder gar ihrer überdrüssig. »Gewöhnungen an unsere Segnungen«, das hat der US-amerikanische Psychologe Abraham Maslow in seinem Buch über *Motivation und Persönlichkeit* dargestellt, ist eine wesentliche Ursache »menschlichen Übels, menschlicher Tragödie und menschlichen Leidens«.

Und so gewöhnen wir uns auch schnell an unsere Gehaltserhöhungen: Sobald unser Einkommen steigt, schrauben wir automatisch

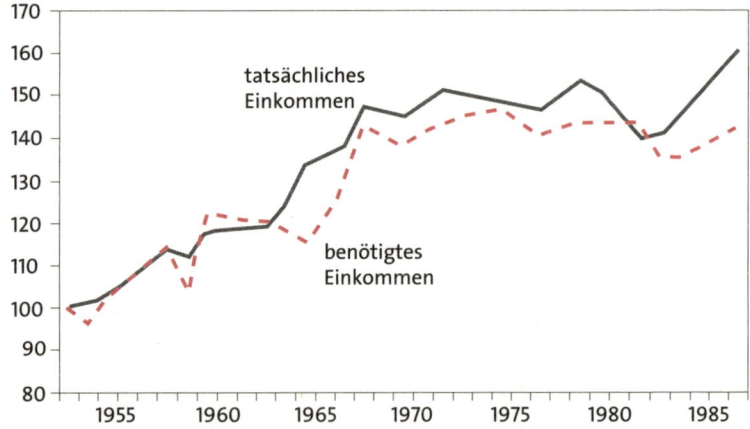

Benötigtes und tatsächliches Realeinkommen (jeweils bereinigt um die Inflationsrate, 1952 = 100)
Quelle: Richard Layard, *Die glückliche Gesellschaft. Kurswechsel für Politik und Wirtschaft.* Frankfurt/New York, Campus 2005

unseren Lebensstandard nach oben. Eine jährlich durchgeführte Gallup-Studie stellt die Frage: »Was ist das Minimum, das eine vierköpfige Familie an Geld benötigt, um in dieser Gemeinde zu leben?« Die Grafik auf Seite 28 zeigt, wie rasch sich das »benötigte Realeinkommen« dem »tatsächlichen Realeinkommen« anpasst.

Wir wechseln das persönliche Wohlstandsniveau, wie wir in einem Haus von einer Etage in die gleich geschnittene Wohnung in einer höheren Etage umziehen, um uns dort in relativ kurzer Zeit auf ein vergleichbares Zufriedenheitsniveau einzupendeln – mit den gleichen Höhen und Tiefen, wie es sie auch vorher gab. Und selbst wenn wir um mehrere Etagen aufsteigen: Immer wieder werden wir uns aufgrund des Gewöhnungsprozesses anpassen, einpendeln und wieder ein Leben mit Höhen und Tiefen führen, und zwar mit Höhen, die wir aufgrund des gestiegenen Gesamtniveaus keineswegs als »höher« empfinden.

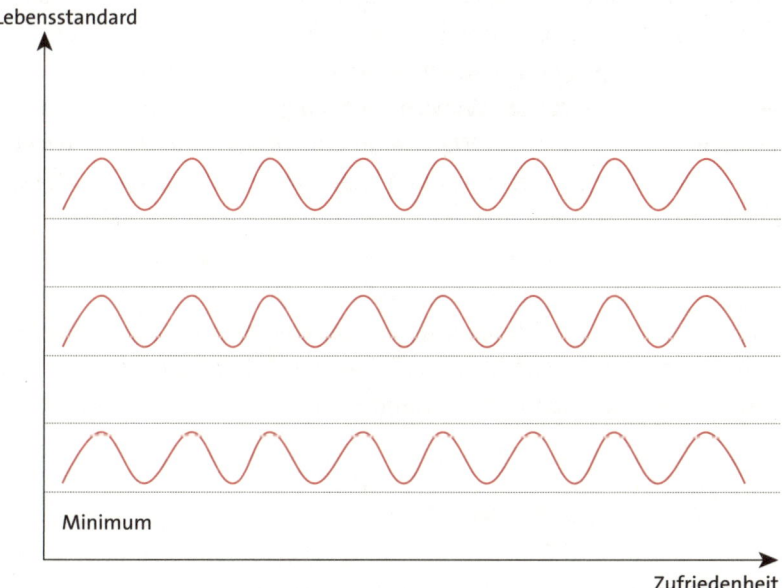

Anpassung des persönlichen Zufriedenheitsniveaus auf verschiedenen Ebenen

Direkt nach dem Aufstieg mag die Lebensfreude tatsächlich größer sein. Wehe aber, wir müssen das Erreichte wieder aufgeben und eine »Etage tiefer ziehen«, dann fühlen wir uns noch weniger glücklich als vorher – denn wir sind von den neuen Annehmlichkeiten abhängig geworden. »Lebensstandard funktioniert ein bisschen wie Alkohol oder Drogen«, schreibt der britische Nationalökonom Richard Layard in seinem Buch *Die glückliche Gesellschaft*: »Wenn ich eine angenehme neue Erfahrung gemacht habe, dann brauche ich immer mehr davon, um weiterhin das gleiche Glück zu empfinden. Ich befinde mich in einer Tretmühle, in der ich immer weiterlaufen muss, damit mein Glücksempfinden gleich bleibt.« Und so kommt es zum nächsten Automatismus unserer Psyche:

Die ständige Anspruchssteigerung

Statt mit dem zufrieden zu sein, was wir im Augenblick gerade haben, screenen wir ständig die Realität mit dem Wahrnehmungsfilter unseres Begehrens. Wir suchen unseren Lebenshorizont pausenlos danach ab, ob sich nicht irgendetwas Neues entdecken lässt, was einen unserer vielen, noch nicht erfüllten Wünsche befriedigen könnte. Im Job können das neue Projekte sein, ein Wechsel in eine andere (vielleicht »wichtigere«) Abteilung oder Niederlassung, mehr Verantwortung, ein schickeres Büro, mehr Personal, Prokura – was auch immer wir uns wünschen.

Mag sein, dass Wünsche und Träume gut sind, um positive Veränderungen im eigenen Leben zu verwirklichen. Doch je mehr wir unseren Wünschen hinterherlaufen, umso weniger können wir all das genießen, was schon vorhanden ist! Verschärft wird das Dilemma noch, wenn wir dem dritten, nun folgenden Automatismus der Psyche erliegen:

Die verhängnisvolle Vergleichsfalle

Einer Testgruppe von Studenten der US-amerikanischen Universität Harvard wurde die Frage gestellt, in welcher der beiden Welten sie lieber leben wollten: In einer ersten Welt, in der sie selbst 50 000 US-Dollar im Jahr verdienten, während ihre Mitmenschen ein durchschnittliches Einkommen von 25 000 US-Dollar hätten; oder in einer zweiten Welt, in der sie zwar 100 000 US-Dollar verdienten, ihre Mitmenschen dagegen 250 000 US-Dollar — bei gleichen Lebenshaltungskosten in beiden Welten. Das Ergebnis: Die Mehrzahl wählte die erste Welt und verzichtete lieber auf das höhere Einkommen, solange ihre Stellung besser war als die ihrer Mitmenschen.

Wir achten in erster Linie auf unser relatives Einkommen. Sofern wir im Vergleich zu anderen aufsteigen können, sind wir sogar bereit, Einbußen beim Lebensstandard hinzunehmen. Meistens wünschen wir uns denselben Standard wie den unserer Nachbarn oder Freunde, womöglich sogar einen etwas besseren. Wenn die meisten im eigenen Umfeld einen kleinen VW, Fiat oder Opel fahren, sind wir damit in der Regel auch zufrieden. Doch wenn die ersten auf BMW oder Mercedes umsteigen, entsteht schnell der Wunsch, sich auch einen größeren Wagen zuzulegen: Der Kleinwagen genügt nicht mehr. Und genauso ist es mit dem Einkommen am Arbeitsplatz.

Wir vergleichen unser Gehalt mit dem der lieben Kolleginnen und Kollegen und ärgern uns maßlos, wenn einige eine größere Lohnerhöhung erhalten als wir. Auch hier zählt nicht die absolute Höhe des Verdienstes, sondern das relative Einkommen im Vergleich zu den anderen. Das führt sogar dazu, dass wir bereit sind, Einkommenseinbußen hinzunehmen, wenn auch alle anderen weniger verdienen: Herrschen Kriegs- oder Notzeiten, haben ökonomische Einschränkungen kaum Einfluss auf die wirtschaftliche Zufriedenheit der Bevölkerung.

Entscheidend ist immer, mit wem wir uns vergleichen. Meistens sind dies Menschen aus unseren Umfeld, unserer Bezugsgruppe, der *Peergroup*. Das führt dazu, dass paradoxerweise bei Sportwettkämpfen die Gewinner des dritten Platzes meist glücklicher sind als die des zweiten Platzes: Während die Drittplatzierten sich mit denen vergleichen, die gar keine Medaille gewonnen haben, sind die Zweitplatzierten unglücklich, dass sie den ersten Platz verfehlt haben.

Ein ähnliches Phänomen ließ sich nach der Wiedervereinigung Deutschlands im Jahr 1990 beobachten: Zwar stieg der Lebensstandard der Menschen auf dem Gebiet der früheren DDR schnell an, doch ihre Lebenszufriedenheit sank beträchtlich. Hatten sie sich früher mit den ärmeren Menschen der sozialistischen Bruderstaaten verglichen, so schnitten sie jetzt im Verhältnis zu den wesentlich reicheren Westdeutschen deutlich schlechter ab.

Wer glücklich leben will, sollte sich also nicht mit erfolgreicheren und wohlhabenderen Menschen vergleichen, sondern allenfalls bewusst wahrnehmen, wie viel besser er im Verhältnis zu vielen anderen dran ist. Wenn wir uns mit Menschen vergleichen, denen es schlechter geht als uns, so könnte dies unsere Dankbarkeit und Zufriedenheit sogar steigern. So haben psychologische Experimente ergeben, dass schon die bloße Anwesenheit eines Rollstuhlfahrers bei den meisten Menschen die Stimmung hebt und sie auf Fragebögen über die Zufriedenheit mit dem eigenen Leben höhere Werte ankreuzen ließ.

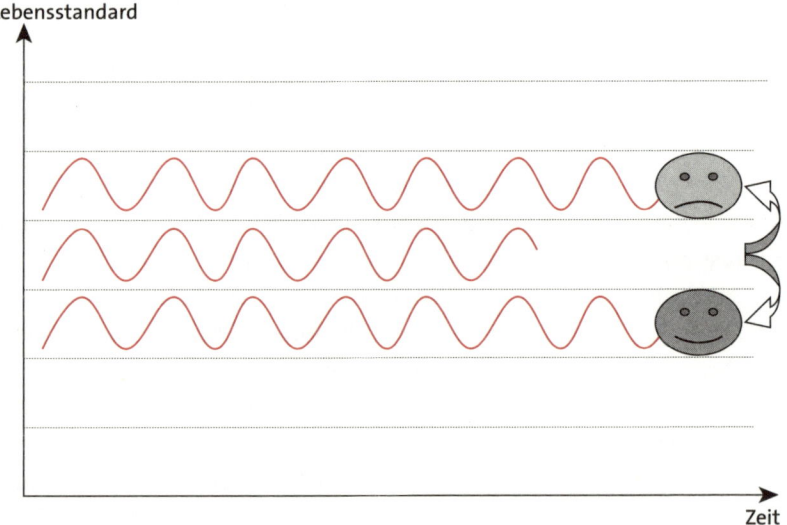

Der Vergleich mit Menschen, denen es schlechter geht, steigert die Zufriedenheit

Doch tückischerweise vergleichen wir uns meist mit Menschen, von denen wir meinen, es ginge ihnen besser. Und diese wird es immer geben – auch für die Reichsten und Erfolgreichsten. So schrieb der Philosoph Bertrand Russel: »Napoleon beneidete Caesar, Caesar Alexander den Großen, und Alexander vermutlich Herkules, den es nie gegeben hat.«

Kennen Sie diesen Hang, sich zu vergleichen? Mit der Kollegin, die einen interessanteren Job hat als Sie selbst? Oder mit der Freundin, die in einer anderen Firma bessere Rahmenbedingungen hat als Sie? Mit Ihrem Nachbarn, der offenbar viel mehr verdient als Sie?

Im Neandertal mag dieser Mechanismus vielleicht hilfreich gewesen sein. Hier rivalisierte jeder mit jedem. Es genügte nicht, gut zu sein und genug zu haben – durchsetzen konnte sich nur, wer besser war und mehr hatte als andere. Deshalb, erklärt Wissenschaftsautor Stefan Klein in *Die Glücksformel*, sei uns die Missgunst einprogrammiert.

Für unsere Zufriedenheit und unser Glücksempfinden ist dieses Programm heute aber alles andere als förderlich. Weil wir immer mehr haben wollen als unsere Nachbarn, hetzen wir Tag für Tag in einem völlig sinnlosen Wettlauf nach immer mehr Geld. Wir laufen in einer hedonistischen Tretmühle im Kreis, oder wie es im angloamerikanischen Raum genannt wird, wir liefern uns ein »Rattenrennen«: Wir überschätzen den Nutzen von materiellen Gütern, und so arbeiten wir immer mehr, um uns immer mehr Wohlstand leisten zu können, der uns aber auf Dauer nicht glücklicher macht.

Zu viel Geld vertreibt das Glück

Im Gegenteil: Der Wunsch nach mehr Geld kann sogar glücksfeindlich sein. Laut Manfred Spitzer, Professor für Psychiatrie an der Universität Ulm und Autor zahlreicher auch populärwissenschaftlicher Bücher, sind materialistisch eingestellte Menschen insgesamt unglücklicher als weniger materialistisch eingestellte Menschen. Fragt man beispielsweise Studienteilnehmer, ob sie mit Sätzen wie »Einige der wichtigsten Errungenschaften im Leben bestehen in materiellen Besitztümern« oder »Dinge einkaufen macht mir großen Spaß« übereinstimmen, so zeigt sich, dass diejenigen, die diese Sätze bejahen, insgesamt unglücklicher sind als solche, die diesen Sätzen nicht zustimmen, schreibt Spitzer in seinem Buch *Vom Sinn des Lebens*.

Auch die auf das Thema Glück spezialisierte Journalistin Annette Schäfer zeigte in einem Beitrag für die Zeitschrift *Psychologie Heute* (4/2004), dass Menschen, die Wohlstand als höchstes Ziel ansehen, mit ihrem Leben meist unterdurchschnittlich zufrieden sind – unabhängig davon, wie viel Geld sie bereits besitzen. Bei vielen sei der Einfluss des Geldes auf das Glück sogar negativ: Je weiter die Einkommenskurve nach oben geht, desto mehr gehen die Mundwinkel nach unten.

Also: Geld schafft genauso Probleme und Sorgen wie das Fehlen von Geld. Und je wohlhabender die Menschen, desto größer werden oft diese Probleme. Dass Superreiche nicht automatisch superglücklich sind, weiß zum Beispiel Byram Karasu, Psychiater an der Albert Einstein University in New York. Er therapiert seit Jahren in seiner Privatpraxis megareiche Patienten. Ihre Hauptsorgen: Wie sollen sie richtig leben und wie ihre Milliarden sinnvoll einsetzen? Die einfachen Befriedigungen des normalen Wohlstandslebens reichen nicht mehr aus – etwa das Delegieren lästiger Alltagsnotwendigkeiten, wie Einkaufen, Kochen, Autowartung, Buchführung. Ihr Geld verschafft ihnen Gelegenheit zu mehr: alle möglichen Exzesse, Drogenkonsum – das sind Verlockungen, denen viele nicht widerstehen können. Gleichzeitig verlieren Menschen, die plötzlich sehr reich sind, oftmals ihren bisherigen Freundeskreis. Wenn sie dann neue Freunde in ihrem neuen Milieu suchen, werden sie häufig enttäuscht: Hier finden sie nicht mehr die Offenheit und Transparenz, die wahre Freundschaft ausmacht. Wer superreich ist, kann sich von der »normalen« Welt komplett abschirmen – Sie erinnern sich an die Privatinsel im ersten Lügenmärchen – und gerät dadurch nicht selten in Einsamkeit und Isolation. Er kann Personal Trainer, Hausärzte, Köche und Zimmermädchen um sich herumtanzen lassen und entwickelt gerade deshalb mit der Zeit zunehmende narzisstische Tendenzen. Viele führen alles andere als ein glückliches und erfülltes Leben!

Schluss mit der Geld-Lüge

Ein Job, der superviel Geld bringt, macht also nicht superglücklich. Eigentlich wissen wir das alle, und trotzdem jagen wir den tollen Aufstiegschancen, den vielversprechenden Aufträgen hinterher, als gäbe es nichts Wichtigeres im Leben. Ist es überhaupt möglich, aus dieser Tretmühle auszusteigen? Ich bin überzeugt davon, dass es gelingen kann – und habe fünf Schritte zusammengestellt, die Ihnen den Ausweg erleichtern können.

Die Geld-Lüge erkennen

Das wohl Wichtigste ist, *diesen inneren Prozess zu erkennen*, die psychischen Mechanismen wahrzunehmen und zu verstehen, die bei uns in puncto Geld wirken. Mit anderen Worten: das Lügenmärchen, dass Geld glücklich macht, zu entlarven. Am hilfreichsten ist es natürlich, sich selbst und das eigene Leben unter dieser Perspektive zu analysieren. Hierzu haben Sie mit den *Fragen zum Selbstcoaching* am Ende dieses Kapitels Gelegenheit. Bitte nehmen Sie sich dafür gerne 30 bis 60 Minuten Zeit. Ganz sicher werden Sie dadurch mehr Klarheit über Ihren persönlichen Umgang mit Geld gewinnen.

Sich selbst beobachten

Versuchen Sie, in Zukunft immer wieder *bewusst wahrzunehmen*, wenn Sie mal wieder dem Geld hinterher laufen, obwohl Sie doch das Glück suchen. Denn auch, wenn Sie erkannt haben, welche Mechanismen in Ihnen ablaufen (und in Bezug auf Ihre Lebenszufriedenheit möglicherweise schieflaufen) – Sie können leider nicht verhindern, dass diese Mechanismen weiterhin automatisch wirken. Nicht nur, weil sie Teil der angeborenen »Software« im Gehirn sind, sondern auch, weil sie bei fast allen Menschen aktiv sind, und wir alle seit unserer Kindheit durch diese Brille ins Leben schauen.

Der Ausweg: Sie können allein durch die Beobachtung dieses inneren Prozesses etwas Abstand gewinnen – und damit auch wieder Freiraum, anders zu entscheiden und zu handeln. So banal es auch klingt, aber bewusste Selbstbeobachtung ist der einzig effektive Weg zur inneren Freiheit. Das mag Zeit und Geduld erfordern, aber es lohnt sich. Vor allem betrifft das die Automatismen der Gewöhnung und des Vergleichens. Vielleicht nehmen Sie im Job plötzlich bewusst wahr: »Erstaunlich, die Verantwortung für das neue Projekt, die mich anfangs so stolz gemacht hat, ist mir schon nach zwei Wochen selbstverständlich geworden.« Oder stellen Sie sich vor, Sie sind im Gespräch mit einer wesentlich erfolgreicheren Person, die Ihnen diskret vom Erwerb eines neuen Luxuswagens erzählt: Wenn Sie beobachten können, wie unschöne Gefühle in Ihnen aufsteigen (Neid, Missgunst, Minderwertigkeitsgefühle, Zorn) und sich dann bewusst nicht davon herunterziehen lassen, sondern vielleicht sogar innerlich darüber lächeln können, dann werden Ihre Zufriedenheit und Ihr Selbstwertgefühl nicht so rasch aus dem Gleichgewicht geraten.

Bilanz ziehen

Was Ihre Berufs- und Arbeitsplatzwahl betrifft, ist es durchaus wichtig sicherzustellen, dass damit das persönliche Grundeinkommen gedeckt ist. Ob Sie dieses für sich bei 20 000 oder 60 000 Euro pro Jahr festlegen, hängt ganz allein von Ihrer (familiären) Situation und Ihren Bedürfnissen ab, und bleibt voll und ganz Ihnen überlassen. Niemand außer Ihnen selbst kann bestimmen, was das für Sie notwendige Grundeinkommen ist, um menschenwürdig und zufrieden zu leben.

Doch haben Sie schon einmal versucht, sich klarzumachen, was Sie zum Leben wirklich brauchen? Gibt es vielleicht etwas, auf das Sie verzichten könnten, ohne dass Ihr Lebensglück und Ihre Zufriedenheit darunter leiden müssten? Es kann sehr befreiend und beruhigend sein, wenn Sie sich bewusst machen, wie viel Sie *wirklich* brauchen. Vielleicht ist es viel weniger, als Sie dachten!

Vor vielen Jahren bin ich unter wirtschaftlich äußerst ungünstigen Bedingungen aus einem Unternehmen ausgestiegen, das ich mit einem Geschäftspartner selbst aufgebaut und in dem ich über zehn Jahre sehr viel verdient und entsprechend gut gelebt hatte. Aber mir war klar geworden, dass ich dort für mich keine Erfüllung mehr finden würde. In der Folgezeit musste ich mein ganzes Leben äußerlich und finanziell umkrempeln, vor allem den Gürtel um einiges enger schnallen. Das Auto verkaufen, die teure Wohnung in München aufgeben, etliche Versicherungen kündigen oder stilllegen, auf den Besuch bestimmter Restaurants und Hotels verzichten, in eine kleine Wohnung auf dem Land ziehen, meine Garderobe vereinfachen... Und ich war mehr als erstaunt, mit welch geringer Summe ich auskommen konnte – und wie zufrieden ich dennoch in dieser Lebensphase war. Natürlich wollte ich wieder etwas Neues aufbauen und auch wieder zu mehr Geld kommen, aber der wirtschaftliche Erfolg war mir nicht mehr in erster Linie wichtig. Und auch seit ich in einem neuen Unternehmen wieder mehr verdiene, so bleibt doch die innere Zuversicht: Sollte es mal erneut finanziell eng werden, kann ich damit gut leben.

Keineswegs müssen Sie für sich solche Maßnahmen ergreifen – es geht nur darum, sich nüchtern klarzumachen, welche finanziellen Mittel Sie mindestens brauchen, um gut leben zu können. Natürlich können Sie sich auch einen Job suchen, bei dem Sie wesentlich mehr verdienen – aber berücksichtigen Sie dabei auch den Preis, den Sie dafür zahlen: vor allem Ihre Gesundheit und die Qualität Ihres Privatlebens. Wenn das Geld nicht mehr Selbstzweck ist und Sie sich bewusst sind, dass sich durch eine Einkommenssteigerung Ihre Lebenszufriedenheit nicht notwendigerweise erhöhen wird, können Sie sich auf das konzentrieren, was Sie im Job (dazu später mehr) und in Ihrem Leben insgesamt wirklich glücklich macht.

Dankbarkeit üben

Um Ihr Zufriedenheitsgefühl zu verstärken, können Sie sich von Zeit zu Zeit wieder bewusst machen, welchen Reichtum Sie in Ihrem Leben schon erlangt haben, für was Sie dankbar sein können. Dies ist die effektivste Methode, den inneren Zersetzungsprozess der Gewöhnung aufzuheben. So können Sie sich zum Beispiel jeden Monat einmal hinsetzen und eine Liste mit all den Dingen aufschreiben, die in Ihrem Leben stimmen und keineswegs selbstverständlich sind. Oder Sie zählen sich jeden Morgen als kleines Ritual zehn Umstände auf, für die Sie dankbar sein können – auf jeden Fall haben Sie die Chance, Ihre Stimmungslage entschieden zu verbessern (und auch das Geld für unnötige Frustkäufe zu sparen).

Ballast abwerfen

Und schließlich könnte es sein, dass Sie mit der Zeit wieder versuchen, Ihr Leben etwas zu vereinfachen. *simplify your life* ist seit vielen Jahren nicht nur der Titel eines der erfolgreichsten Ratgeber, sondern gleichzeitig ein sehr gesunder Trend in unserer Gesellschaft: Ballast über Bord zu werfen und bewusst auf manche Dinge zu verzichten, eröffnet neue Freiräume und führt zu einer anderen Dimension von Luxus. Nicht umsonst sagte der erfolgreiche Unternehmer und mehrfache Millionär Claus Hipp: »Der größte Luxus ist für mich, auf Dinge zu verzichten.« – Kein Verzicht um des Verzichtens willen, aus ideologischen Gründen oder um sich zu kasteien, sondern einzig und allein, um dadurch zufriedener und glücklicher zu leben.

Und damit sind wir beim Gegenpol des Lügenmärchens angelangt, dass Geld glücklich mache – und bei einem aktuellen Trend: Immer mehr Menschen geht es nicht mehr um Einkommensmaximierung, sondern um die Maximierung ihres Glücks, ihrer Lebenszufriedenheit und ihres subjektiven Wohlbefindens. »Unser Wirtschaftssystem wandelt sich rapide von einer Geld- in eine Zufriedenheitswirtschaft«, bestätigt Glücksforscher Martin Seligman. Seit zwei Jahrzehnten schon gehe der Trend mit Bestimmtheit in die Richtung der persönlichen Zufriedenheit. Eigentlich springe ich ungern auf Trends auf – aber in diesem Falle wäre es bedauerlich, ihn zu verpassen und sich weiterhin von einem alten Lügenmärchen (ver-)führen zu lassen.

Fragen zum Selbstcoaching

1. Wenn Sie Ihr Leben zurückverfolgen, wie haben sich Einkommenssteigerungen auf Ihre Lebenszufriedenheit ausgewirkt?

_____

_____

_____

_____

2. Geht es Ihnen auch so, dass Sie automatisch immer wieder Ihre Ansprüche steigern? Was sind Ihre nächsten Wünsche, von deren Erfüllung Sie sich mehr Glück versprechen?

_____

_____

_____

_____

3. In welchen Bereichen und bei welchen Gelegenheiten neigen Sie dazu, sich zu vergleichen – und wo beeinträchtigt das Ihre Zufriedenheit und Ihr Selbstwertgefühl?

_____

_____

_____

_____

4. Wie hoch ist das Grundeinkommen, das Sie wirklich brauchen, um zufrieden zu leben? (Vergessen Sie dabei nicht die Rücklagen für die Altersvorsorge.)

_____

_____

_____

_____

5. Auf welche Dinge könnten Sie verzichten – um unabhängiger und freier zu leben?

_____

_____

_____

_____

Extra-Coaching für Führungskräfte

Auch aus unternehmerischer Sicht mag ein Umdenken geboten sein, da der Wettbewerb um gute Mitarbeiter zunehmend nicht mehr primär über das Einkommen, sondern auch über die Erfüllung und Zufriedenheit der Mitarbeiter am Arbeitsplatz geführt wird – unterstützt wird dies von der Erkenntnis, dass sich letztlich nur zufriedene Mitarbeiter richtig für ihre Arbeit und ihr Unternehmen engagieren. Für Unternehmer und Führungskräfte können daher folgende Fragen hilfreich sein:

1. Wenn Sie die Motivation Ihrer Mitarbeiter steigern wollen, denken Sie dann zuerst an finanzielle Anreize?

2. Welche Rolle spielen Prestigeobjekte (Firmenwagen, großer Schreibtisch, Ausstattung mit Notebooks und Mobiltelefonen) in Ihrem Unternehmen?

3. Sind Löhne und Gehälter in Ihrem Unternehmen weitgehend transparent, oder gibt es eine große Geheimnistuerei rund um dieses Thema?

4. Wie empfinden Sie den Lohnabstand zwischen den einzelnen Hierarchieebenen in Ihrem Unternehmen?

5. Verdienen in Ihrem Unternehmen Mitarbeiterinnen bei vergleich-
barer Position und Qualifikation genauso viel wie Mitarbeiter – oder
weniger?

Zweites Lügenmärchen

»Nur ein sicherer Job ist ein guter Job«

Des Menschen ganzes Glück
besteht in zweierlei:
Dass ihm gewiss
und ungewiss
die Zukunft sei.

Friedrich Rückert

*T*refflich streiten lässt es sich über fliegende Mobile, die Geschäftsreisende wie nichts durch die Lüfte befördern: Einerseits sitzt man erheblich bequemer als, sagen wir, auf einer Kanonenkugel. Andererseits jedoch, und das werden Sie aus eigener Anschauung bestätigen können, meine werten Damen und Herren, verbringt man vielerlei Stunden mit öder Warterei, bis man nun endlich in die Lüfte aufsteigen darf. Ein Elend, gewiss, doch hat man so auch vollkommene Muße und Freiheit, seine Zeit auf die adeligste Art zu verjunkerieren – im Gespräche, zum Beispiel. So saß ich denn in der Wartehalle eines dieser modernen Flughäfen und parlierte mit einer jungen Dame, die einen hohen Stapel Hefte auf ihren Knien balancierte. »Was sind dies für sonderbare Hefte?«, fragte ich höflich. »Ach, mein Herr, dies sind Aufgabenhefte ungezogener Primaner, die ich in Physik unterrichte.« Sie hielt eine aufgeschlagene Seite empor, sodass ich nur allzu leicht erkennen konnte, wie viel Milliliter roter Tinte notwendig waren, um das dort befindliche Schülergekritzel so zu korrigieren, dass die Alten Meister der Kunst und Logik dieses Faches sich nicht im Grabe wälzen mussten. »Sie verschleißen allerhand Nerven mit diesen Primanern, nicht wahr?«, fragte ich vorsichtig. »Nun denn, so ist es nun einmal in diesem Berufe«, antwortete die Dame. »Jahraus, jahrein sind es die gleichen Schülerstreiche, die gleichen Themen, die gleichen Testate. Meine Arbeit indes ist sicher, und so vermag ich jeden Monat aufs Pünktliche meine Rechnungen für die Fernsprecherei, für Television, Gas, Wasser und, vor allem, meine Lebensversicherung zahlen zu können, die ich klüglich abgeschlossen habe.« »So sind Sie wohl ein recht glücklicher Mensch«, schloss ich aus ihrem Berichte. »Ja, durchaus«, sagte die Dame, »und das habe ich meinen guten Eltern zu verdanken. Eigentlich nämlich wollte ich Pianistin werden. Ich gewann schon als 7-Jährige Preise, so vortrefflich verstand ich mich darauf, Melodeien aus dem Pianoforte hervorzuzaubern. Ich spielte leidenschaftlich, und spielte, als ich nur 14 Lenze zählte, auf Bühnen von Paris bis Wiesbaden. Doch mein Vater sagte, dass es sich für eine vornehme Dame nicht gehöre, als Musikerin durch die

Welt zu tingeln. Und meine Mutter wusste, dass Künstler ihre Heizung niemals pünktlich zahlen, sodass sie im Winter Frostschäden erleiden, woran sie lebenslang siechen, ohne dass sie sich einen Leibarzt leisten können. Wie froh bin ich, diesem Ungemache entgangen zu sein.« »Ja, da beglückwünsche ich Sie von ganzem Herze«, rief ich der Dame zu. »Wohin reisen Sie denn eigentlich?« »Ich fahre zur Kur«, seufzte sie. »Da habe ich endlich Zeit, die Hefte zu korrigieren, die meinen Koffer wohl an die hundert Pfund wiegen lassen.«

»Mit Sicherheit ein gutes Gefühl«

Unsere Poesiealben sind voll von Weisheiten, die rund um das Thema Sicherheit kreisen. »Vorsicht ist die Mutter der Porzellankiste«, heißt es da, oder: »Hast du im Tal ein sicheres Haus, dann wolle nicht zu hoch hinaus.« Die Überschrift für dieses Kapitel stammt übrigens aus der Werbung eines Herstellers für Damenhygieneartikel – der Slogan »Mit Sicherheit ein gutes Gefühl« bringt die Sache so gut und sicher auf den Punkt, dass er in Wirtschaftsmagazinen, auf Wahlkampfplakaten oder von Sicherheitsschutz-Firmen immer wieder gerne variiert oder sogar kopiert wird.

Sicherheit ist ein menschliches Grundbedürfnis für jeden von uns, wenn auch für manche mehr und für manche weniger, doch sinnvollerweise wird jeder diesem Bedürfnis Rechnung tragen. Jeder möchte, dass seine Familie sicher leben kann, er möchte eine sichere Wohnung haben, (je nach Sportsgeist) ein sicheres Auto fahren, einen Job, der ihm sicher genug Geld einbringt und (wenn er ein wenig vorausschauend veranlagt ist) auch eine sichere Altersvorsorge.

Ein wenig sind wir Menschen sogar zum Hamstern veranlagt: Was wir haben, geben wir ungern wieder her, und wenn, dann nur zu einem viel höheren Preis – das konnte Daniel Kahnemann, Professor für Psychologie und Nobelpreisträger für Wirtschaft, vor einigen Jahren experimentell zeigen. Er fragte: »Angenommen, Sie könnten bei einem Glücksspiel entweder 100 Euro verlieren oder eine höhere Summe gewinnen – um wie viel müsste diese Summe höher sein, damit Sie Ihren Einsatz riskieren würden?« (Vielleicht beantworten Sie die Frage selbst kurz für sich, bevor Sie weiterlesen.) Die Antwort der meisten Befragten entsprach im Durchschnitt der doppelten Summe, erst dann würden sie den Verlust ihres Einsatzes riskieren.

Kahnemann startete ein weiteres Experiment mit zwei Gruppen von Studenten. Der ersten Gruppe wurde eine Tasse gezeigt und den Probanden die Frage gestellt, wie viel sie bereit wären, dafür zu zahlen. Im Durchschnitt, so die Antwort, etwa 3,50 US-Dollar. Jeder der Studenten der anderen Gruppe bekam diese Tasse geschenkt und wurde nach einiger Zeit gefragt, für welche Summe er bereit wäre, sie wieder herzugeben. Die erstaunliche Antwort: durchschnittlich für mindestens 7 US-Dollar. Der Verlust der Tasse schmerzte die Probanden doppelt so stark, wie der Gewinn derselben Freude bereite.

Wir sichern das, was wir haben, wir bringen unsere Schäfchen ins Trockene. Wir haben Angst vor Terror, Angst vor der Finanzkrise, wir schließen am Abend zweimal ab. Und es ist kein Wunder, dass vor diesem Hintergrund das wichtigste Kriterium für Glück und Zufriedenheit im Job ein sicherer Arbeitsplatz zu sein scheint. Soweit zum wahren und richtigen Kern des oben genannten Lügenmärchens.

Warum die Formel »Sicher ist sicher« nicht aufgeht

Unsicherheit und Risiko gehören nun mal zum Leben. Das individuelle menschliche Dasein ist von Wechselfällen und Unwahrscheinlichkeiten geprägt. Niemand kann sich gegen alle möglichen unvorhersehbaren Ereignisse absichern und wappnen – weder als Privatperson noch als Unternehmen. Von heute auf morgen kann ein Kollege auf der Karriereleiter an Ihnen vorbeiziehen, Ihre Marketing-Kampagne sich als Flop erweisen, Ihre Produktinnovation vom Vorstand abgeschmettert werden, Ihr wichtigster Kunde abspringen. Peng, passiert. Unternehmen müssen immer wieder damit fertig werden, dass aus heiterem Himmel Trends entstehen, mit denen sie nicht gerechnet haben (Handy-Klingeltöne), dass die Politik Weichenstellungen vornimmt, die den Markt völlig verändern können (Dosenpfand, Abwrackprämie), oder weltweite Verwerfungen der Wirtschaft plötzlich dazu führen, dass die Kunden nicht mehr kaufen können oder wollen (Finanzkrise).

Die einzige Chance, damit umzugehen, besteht darin, dafür offen zu sein und zu lernen, mit Unsicherheit und Risiko zu leben: sich für Veränderungen sensibilisieren, seine Antennen ausfahren, auch mal den Mut haben, Ungewöhnliches zu denken und unübliche Wege zu beschreiten.

Die nächste Generation der »Risikogesellschaft«

Darin sind wir offenbar gar nicht so schlecht. Laut *Zeit*-Redakteur Götz Hamann haben sich die Deutschen »in den vergangenen Jahren an mehr Unsicherheit gewöhnt, als ihnen bewusst ist. Und ihr Leben darauf eingerichtet. Zu Hunderttausenden haben sie sich auf ein berufliches Dasein jenseits der Festanstellung eingelassen.« Informatiker, Ingenieure, Unternehmensberater, so der Wirtschaftsjournalist, tummelten sich inzwischen ganz alltäglich in Jobbörsen und sozialen Netzwerken, und ließen sich hier und über private Agenturen von ihrem nächsten Auftraggeber finden.

Das ist neu in Deutschland. Die hiesige *Risikogesellschaft*, die laut dem Soziologen Ulrich Beck in den 1980er Jahren auf die Zauberformel *Sicherheit* setzte, scheint von einer Generation abgelöst zu werden, die tatsächlich risikobereiter ist.

Der Odysseus-Faktor

Eigentlich ist dem Menschen auch beides angeboren: Die Suche nach Sicherheit einerseits, aber andererseits auch der Drang, *von sich aus* ständig nach Neuem und Unsicheren zu suchen – was von Psychologen als Odysseus-Faktor bezeichnet wird. Der Mensch scheint einen inneren Trieb, einen Instinkt für riskantes Verhalten zu haben.

So haben Verkehrspsychologen festgestellt, dass Autos mit ABS riskanter gefahren werden. Statt sich gelassen zurückzulehnen und die neue Bremssicherheit zu genießen, riskieren viele Autofahrer nur umso stärker Kopf und Kragen. Der Verhaltensforscher Felix von Cube bezeichnet dies als das »Sicherheits-Risiko-Gesetz«, bei dem es aber paradoxerweise gar nicht um einen »Risikotrieb« gehe, sondern um das schöne Gefühl der Sicherheit, das entsteht, wenn sich Unbekanntes in Bekanntes verwandelt. Je größer das eingegangene Risiko und je »neuer« die Situation, desto intensiver ist das schöne Gefühl.

Vielleicht ist dies ein Grund dafür, dass nur rund ein Drittel der Bewerber, die einen neuen Job gefunden haben, auch tatsächlich ihre Jobsuche beenden (28,8 Prozent). Dagegen bleibt mehr als die Hälfte (54,7 Prozent) auf passiver Jobsuche, ist also weiter offen für Offerten. Erstaunlich: 13,1 Prozent der Befragten suchen aktiv weiter nach einem noch besseren Job – so das Ergebnis des StepStone-Bewerbungsreports 2009.

Unser Körper liebt das Risiko

Was da im menschlichen Körper geschieht und worauf die durch Risiko ausgelösten, guten Gefühle beruhen, beschreibt der Ulmer Gehirnforscher Manfred Spitzer am Beispiel von Glücksspielern. Warum, so fragt der Psychiatrie-Professor, spielen Menschen Glücksspiele, wenn doch jeder weiß, dass man dabei letztlich mehr verliert als gewinnt? Die meisten scheinen Spaß am Spiel zu haben, auch wenn sie auf Dauer nicht reicher werden. Doch wenn sie mal gewinnen, verspüren sie einen Kick – unabhängig von der Höhe des Gewinns und dessen Verhältnis zum vorherigen oder nachfolgenden Verlust.

Aber was genau macht diesen Kick *aus*? Die Erforschung der neurobiologischen Mechanismen, die am Erleben von Glück und an der

Einschätzung von Unsicherheit beteiligt sind, hat ergeben, dass dabei maßgeblich das Wohlfühl-Hormon Dopamin beteiligt ist. Je größer die vorherige Unsicherheit ist, desto mehr Dopamin überschwemmt den Körper.

Das ist der Grund dafür, warum wahre »Risk-Seeker« gerne an Gummiseilen in die Tiefe springen, warum sie, mit den Fingerspitzen an Felsvorsprünge gekrallt, über Abgründen baumeln und an Ballonseide hängend aus Hubschraubern stürzen – und warum ein »Normalbürger« den Dauerlottoschein so schätzt. »Damit hat er beides«, erklärt Spitzer, »Ungewissheit und Risiko, aber keine Angst«.

Exkurs: Dopamin – Das Molekül des Wollens und Begehrens

Dopamin, einer der wichtigsten Botenstoffe im Körper, ein Molekül von nur 22 Atomen, wird in zwei benachbarten Gehirnarealen gebildet (der »Substantia nigra« und der »Area ventralis tegmentalis«) und ist zuständig für Wollen, Begehren, Erregung und Lernen. Intensive Forschungen der letzten Jahrzehnte haben ergeben, dass Dopamin einer der wichtigsten Botenstoffe für ein erfülltes und freudig erregtes Leben ist.

♦ *Es macht uns aufmerksam:* Dopamin steuert die Wachheit, weckt uns auf, steigert die Neugierde und lenkt unsere Aufmerksamkeit.

♦ Dopamin wird ausgeschüttet, sobald wir etwas oder jemanden begehren. Daher wird es auch das *»Molekül des Wollens«* genannt oder der »chemische Hauptschalter des Begehrens«.

♦ Dopamin ist *der Stoff, der uns antreibt.* Er aktiviert unsere Systeme und lässt die Muskeln dem Willen folgen, alles, um ein Ziel zu erreichen.

♦ Dopamin *fördert das Lernen,* indem es die Nervenzellen auffordert, sich eine gute Erfahrung einzuprägen. Dabei unterstützt es die Entstehung von neuen Verknüpfungen im Gehirn. Insbesondere wenn unsere Erwartung übertroffen wird, kommt es zu einer verstärkten Dopaminausschüttung. Die Überraschung bewirkt eine freudige Erregung. Es gehört zu den Mechanismen der Natur, stets Besseres zu wollen, und Dopamin ist gewissermaßen unser »innerer Detektor für Neues und Besseres«. Denn Neues ist Nahrung fürs Gehirn.

◆ Dopamin *steigert die menschliche Kreativität,* unseren Einfallsreichtum und unsere Erfindungsgabe. Unter dem Einfluss dieses Neurotransmitters kann man Verbindungen sehen, die anderen verborgen bleiben und Neues kombinieren. Viele Kunstwerke wären ohne große Dopaminausschüttungen nie entstanden.

◆ Es gibt uns ein *Gefühl von Motivation, Optimismus und Selbstvertrauen.* Besonders die Vorfreude auf etwas versetzt uns in eine euphorische Stimmung – bei einer neuen Liebe wie auch bei einer Reise in neue Regionen. Oft liegt in der Erwartung eines Ereignisses, in der Vorfreude sogar die größte Lust, häufig stärker als beim erwarteten Erlebnis selbst. Der Volksmund fasst das knapp zusammen: Vorfreude ist die größte Freude.

◆ *Dopaminmangel* führt zu Antriebslosigkeit – während eine *Überdosis* Besessenheit, Größenwahn und Irrsinn auslösen kann.

◆ *Künstlich* wird Dopamin durch Alkohol, Nikotin und sonstige Drogen erzeugt. Daher die große Gefahr der Abhängigkeit, da das innere System immer wieder nach Dopamin und seiner euphorisierenden Stimmung ruft.

◆ Schließlich ist das Bedürfnis nach dopaminauslösenden Ereignissen je nach der genetischen Veranlagung *individuell sehr verschieden.* Menschen mit einer geringeren

> Anzahl so genannter D2-Rezeptoren brauchen eine höhere Dosis an Dopamin und sind daher besonders neugierig, risikofreudig und abenteuerlustig.

Risiko ist subjektiv

In welchem *Ausmaß* ein Mensch bereit ist, Risiken einzugehen, ist ebenfalls individuell sehr verschieden und nach Ansicht des Hamburger Psychologen Burghard Andersen eine Frage der Persönlichkeit. Während der eine sich kaum eine Gelegenheit entgehen lassen will, die nach Abenteuer aussehen könnte, und im Beruf, seinen Hobbys oder in der Liebe das Prickeln des Ungewissen und des Risikos genießt, kann für einen anderen schon ein Minimalrisiko Stress auslösen – er braucht ein höheres Maß an Sicherheit und Berechenbarkeit im Leben.

Ebenso unterschiedlich ist es, bei welchen *Gelegenheiten* jemand bereit ist, Risiken einzugehen: Der eine liebt die Gefahren des Wildwassers oder der steilen Felswand, der andere die Unsicherheiten im Unternehmerdasein, manche stehen gerne vor großem Publikum auf der Bühne, andere wiederum managen mit geschickter Hand große Summen am Kapitalmarkt. Beim argentinischen Tango eine unbekannte Tänzerin aufzufordern mag für den einen so prickelnd sein wie für den anderen, eine Kobra mit bloßen Händen zu fangen. Risiko ist eben nicht gleich Risiko, und wo sich der eine relativ sicher fühlt, kann dem anderen schon der Atem stocken.

Jedes Käselager wird einmal leer

Es ist aber nicht nur eine Frage unseres Naturells, ob wir mit Risiken umgehen wollen. Oftmals sind es äußere Rahmenbedingungen, die uns zwingen, uns aufzuraffen und dem Risiko entgegenzutreten – auch wenn es uns nicht von innen dazu drängt. Und rückblickend kann es sein, dass wir feststellen, dass das sogar wichtig und belebend war. Dies ist eine der Kernbotschaften der Bestseller-Story *Die Mäusestrategie* von Spencer Johnson, die erzählt, wie sich zwei Mäuse und zwei Zwerge in einem Labyrinth auf der Suche nach Käse verhalten: Nachdem sie jeweils ein großes Käselager gefunden haben, richten sie sich dort häuslich ein. Doch es kommt, wie es kommen muss: Eines Tages sind die Käselager leer. Während die Mäuse sofort reagieren und wieder loslaufen auf der Suche nach neuem Käse, sind die Zwerge zunächst völlig geschockt, dann empört, man habe ihnen den Käse genommen. Sie hadern mit dem Schicksal, beschuldigen sich gegenseitig, zerstreiten sich und verfallen in frustrierte Lethargie. Endlich macht sich einer der Zwerge auf, neuen Käse zu suchen. Animiert von der Vision eines neuen Käselagers schafft er es, seine Angst und inneren Widerstände zu überwinden und läuft wieder hinein in die Gänge des Labyrinthes. Tatsächlich merkt er nach kurzer Zeit, dass allein schon Laufen und Suchen ihm ein gutes Gefühl geben. Schließlich findet er auch ein neues Käselager und stellt zu seinem Erstaunen fest, dass die Freude, die er nun empfindet, nicht einmal in erster Linie darauf beruht, dass er nun ein neues Käselager hat, sondern dass er sich wieder aufgerafft hat und das Risiko des Laufens und Suchens im Unbekannten eingegangen ist.

Käse steht in der Geschichte für alles, wovon wir uns Glück erhoffen: Geld, Wohlstand, Sicherheit, Geborgenheit, Nahrung und so weiter. Auch wir suchen immer wieder nach »Käse«, mag es auch für jeden von uns etwas anderes bedeuten. Und auch wir haben vielleicht die Tendenz, uns in einem »Käselager«, wenn wir es gefunden haben, häuslich einzurichten und abzusichern. Aber niemand ist vor einem leeren Käselager geschützt! Viele erfolgreiche Menschen haben diese Erfahrung schon gemacht und gelernt, sich immer wieder neu aufzuraffen auf der Suche nach neuen Käselagern – und sind unter anderem dadurch so erfolgreich geworden.

Drei Gründe, warum wir Mut zum Risiko haben sollten

Nicht die Sicherheit des Erlangten führt also zum Erfolg, sondern die Fähigkeit, immer wieder neue Risiken einzugehen. Und dabei sind unter anderem *drei Faktoren* entscheidend:

Versuchen bedeutet, eine Chance haben

Wir sind im deutschsprachigen Kulturraum ziemlich risikoresistent und fehlerscheu. Uns fehlt häufig der Mut, *auch Fehler zu machen* und gegebenenfalls mit etwas *zu scheitern.* Nach einer GLOBE-Studie (*Global Leadership and Organizational Behavior Effectiveness*), bei der 17 000 Führungskräfte aus dem mittleren Management in 62 Industrienationen befragt wurden, belegt Deutschland weltweit den Spitzenplatz beim Thema Risikovermeidung. Doch Fehler gehören zum Leben wie schlechtes Wetter oder grippale Infekte.

Wenn wir nur auf Nummer sicher gehen, passiert lediglich das, was wir schon kennen: Es gibt keine Veränderung, keine Verbesserung. »Unsicherheit ist letztlich die Ressource, aus der neue Lösungen entstehen können«, konstatiert der Soziologe Armin Nassehi und führt aus, dass man nur dann seines Glückes Schmied und in der Lage sein kann, zu gewinnen, wenn man Verlieren gelernt hat.

Die Bereitschaft zu scheitern ist Voraussetzung dafür, gewinnen zu können. Mit dieser Einstellung treten Unternehmer, Sportler und letztlich auch jeder Einzelne von uns an. Wer weiterkommen will, muss Neues wagen. Und wer Neues wagt, muss immer damit rechnen, dass es auch schiefgehen kann. Das können neue Aufgaben im aktuellen Job sein, das kann der Aufstieg in die nächste Hierarchieebene sein, ein völlig neuer Job, der Schritt in die Selbstständigkeit – oder auch ein Ausstieg auf Zeit.

Wenn Sie Unternehmer sind, fahren Sie mit einer »mittleren Risikobereitschaft« übrigens besonders gut – so ein Ergebnis des Bonner »Instituts zur Zukunft der Arbeit«. Eigentlich logisch: Wenn Sie sich unternehmerisch überhaupt nichts trauen, ist die Wahrscheinlichkeit groß, dass Sie im Konkurrenzkampf nicht mithalten können. Wenn Sie dagegen auf volles Risiko setzen, schnell expandieren, immens investieren, riesige Lagerbestände anhäufen, dann gehen Sie genauso unter. Augenmaß ist gefragt und Mut (zwei Kardinaltugenden) – und die Erfahrung, dass Fehler und Niederlagen keine Katastrophen sind, sondern im Gegenteil Stufen auf dem Weg zum Erfolg.

Versagen kann Gewinn bringen

Voraussetzung dafür ist allerdings die *Fähigkeit, mit Niederlagen und Scheitern umzugehen*. Dies ist eine der wichtigsten menschlichen Stärken. Nur, wenn Sie gelernt haben, damit fertig zu werden, können Sie auch den Gewinn erkennen, der in Niederlagen verborgen liegt.

Die Erfahrung des Scheiterns begleitet uns von Kindheit an: Im Kindergarten gelang es vielleicht nicht, Freundschaft mit dem 6-jährigen Blondschopf zu schließen, den wir so bewunderten, und den Reißverschluss bekamen wir auch nicht zu. In der Schule haben wir Prüfungen versiebt, mussten vielleicht eine Klasse wiederholen, wurden nicht in die Volleyball-Mannschaft gewählt, fühlten uns ausgeschlossen. Nach der Schule bekamen wir vielleicht die ersehnte Lehrstelle oder den erwünschten Studienplatz nicht. Nach der Ausbildung oder dem erfolgreichem Diplom fanden wir möglicherweise nicht gleich einen Arbeitsplatz. Im ersten Job setzten wir Projekte in den Sand, konnten Aufträge nicht an Land ziehen. Und zwischendurch mussten wir noch Misserfolge in der Liebe verkraften, das kaputte Knie kurieren, die unzuverlässige Babysitterin entlassen und den Traum vom Eigenheim aufgeben. Unvermeidlich ist jeder Mensch zu irgendeinem Zeitpunkt seines Lebens ein Loser. Die entscheidende Frage ist, ob man in Lage ist, die Chance, die in der Niederlage liegt, zu nutzen.

»Niederlagen können Wachstum bedeuten, Versagen kann Gewinn bringen«, sind die US-amerikanischen Psychologen Charles S. Carver und Michael S. Scheier überzeugt, die die Psychologie der menschlichen Stärken erforscht haben. »Menschen können davon profitieren, indem sie neue Fähigkeiten erwerben, mit denen sie die Welt oder sich selbst besser steuern können.«

Jedes Scheitern kann uns dabei helfen, besser zurechtzukommen in unserem Leben, das uns immer wieder vor unbekannte Situationen stellt. Und mehr noch: Wenn es uns gelingt, mit einer Niederlage fertig zu werden, gewinnen wir Selbstvertrauen. Es wächst unter Druck, gerade durch die Bewältigung von Schicksalsschlägen. Der Effekt ist ähnlich wie bei einem Muskeltraining: Muskeln entwickeln sich durch systematisches Training, unser Selbstvertrauen durch wiederholte Rückschläge. Der irische Schriftsteller Samuel Beckett brachte dieses Phänomen in einem viel zitierten Vers auf den Punkt: »Einmal versuchen, scheitern. Wieder versuchen, wieder scheitern. Besser scheitern.«

Rückschläge verkraften wir besser, als wir glauben

Das Wichtigste ist allerdings unser Vertrauen in unsere Fähigkeit, mit Schwierigkeiten, ja sogar mit Schicksalsschlägen gut zurechtzukommen.

Studien zeigen, dass wir vor gefürchteten Ereignissen viel mehr Bammel haben als notwendig. Der Grund: Wir überschätzen die Intensität der negativen Gefühle. Zum einen stellen wir uns zukünftige Ereignisse falsch vor, weil wir uns stark von unserer augenblicklichen Stimmung leiten lassen. Zum anderen werden Informationen über mögliche Gefahren zuerst in unserer Emotionszentrale (dem limbischen System im Gehirn) verarbeitet, bevor sie in unsere vernünftige Denk- und Kontrollinstanz (dem Cortex oder Großhirn) gelangen. Wenn wir also einen neuen Job antreten, schreit zuerst der kleine Neandertaler in uns: »Hilfe, morgen soll ich mit zur Mammut-Jagd gehen, ich werde sterben!«, was uns in Angst versetzt. Vernunftbegabt, wie wir sind, wissen wir zwar, dass wir schon viele neue Jobs in den Griff bekommen haben, und dass wir auch diesen meistern werden, doch die panische Angst ist erst einmal da.

Verstärkt wird die Fehlprognose, weil wir unsere emotionalen Schutzmechanismen nicht durchschauen: Wir unterschätzen die Fähigkeit und Schutzkraft unseres *psychologischen Immunsystems*, das heftigen Emotionen schnell die Wucht nimmt. Emotionen sind nämlich keine konstanten Größen, sondern eher wellenartige Empfindungen, die sich in den ersten Momenten nach einem aufwühlenden Ereignis einstellen, dann aber rasch ihre Intensität und Durchschlagskraft verlieren. Insbesondere extreme Gefühlsausschläge aktivieren das Immunsystem. Das geschieht zum eigenen Schutz, denn starke Erregungszustände sind für den Körper belastend und verhindern einen vernünftigen Umgang mit der Situation. (Geringe Beeinträchtigungen lösen die innere Abwehr übrigens nicht aus. Möglicherweise ist das einer der Gründe, warum wir diesen psychischen Schutzmechanismus nicht bewusst wahrnehmen.)

Laut Daniel Todd Gilbert, Professor für Psychologie an der Havard-Universität und Timothy D. Wilson, Professor für Psychologie an der University of Virginia pendelt sich das innere »Wohlfühlbarometer« selbst nach einem gravierenden Schicksalsschlag schnell wieder auf dem alten Niveau ein. So gibt es viele Berichte von Menschen, die in relativ kurzer Zeit mit einer körperlichen Behinderung wie einem künstlichen Darmausgang oder einer Querschnittslähmung emotional zurechtgekommen sind und sich gut an diese neue Situation mit all ihren Schwierigkeiten angepasst haben, auch wenn ihnen das vorher unvorstellbar gewesen wäre.

Ähnlich wird es sein, wenn Sie den Job nicht bekommen, den Sie sich erhofft haben. Oder Ihren Job verlieren. Sie sind geknickt, traurig, ärgern sich – und irgendwann stehen Sie auf, und sagen sich: »Was soll's, jetzt mache ich das Beste draus.« Sie suchen einen neuen Job, Sie machen sich selbstständig, Sie ziehen von der Großstadt aufs Land oder umgekehrt – was auch immer. Und vielleicht wird es dann tatsächlich das Beste, was Sie je in Ihrem Leben gemacht haben.

Schluss mit der Sicherheitslüge

Wenn man das alles weiß, kann man mit Gefahren und Risiken im Leben ganz anders umgehen. Machen Sie Schluss mit der Sicherheitslüge. Quälen Sie sich nicht jahrelang mit einem Job herum, der Ihnen keine Freude bereitet und der Ihre Gesundheit ruiniert – nur, weil er sicher zu sein scheint (nach Möglichkeit – je nach familiärer Situation müssen wir auch mal die Zähne zusammenbeißen...). Kommen Sie raus aus Ihrem Käselager und suchen Sie nach neuen Ressourcen. Folgende Punkte können Ihnen dabei helfen:

Scheitern lernen

Es klingt merkwürdig – aber es stimmt: Scheitern und den Umgang mit Niederlagen kann man lernen. Und zwar in drei Schritten:

1. Sich das Scheitern eingestehen. Das ist gar nicht so leicht, denn es erfordert die Einsicht, dass eine weitere Verfolgung des bisherigen Ziels keinen Sinn mehr macht. Solange Sie hoffen, irgendwie doch noch den bisherigen Plan verwirklichen zu können, vergeben Sie die Chance, aus der Niederlage zu lernen und Gewinn zu ziehen.

2. Die Niederlage wirklich annehmen. Das heißt, wirklich zu akzeptieren, dass man gescheitert ist, und dass das völlig in Ordnung ist – und zwar, ohne sich dafür selbst zu verurteilen, abzuwerten oder gar zu schämen. Hier kann es helfen, sich bewusst zu machen, was jeder erfolgreiche Sportler zu Beginn seiner Karriere lernen muss: Niederlagen gehören genauso zum Leben wie Siege – und prinzipiell sind sie auch sinnvoll. Um diesen Sinn zu entdecken, kann die einfache Frage helfen: »Wofür könnte das, was passiert ist – neben allen Nachteilen – auch gut sein?« Was können Sie aus dieser Situation lernen? Wirkliches Annehmen bedeutet, die Bindung an das bisherige Vorhaben endgültig loszulassen, um dem gescheiterten Ziel nicht mehr emotional verhaftet zu bleiben. Sonst ist der Weg für den nächsten Schritt nicht frei.

3. Eine Alternative suchen, sich dieser mit aller Kraft zuzuwenden und mit deren Realisierung anzufangen. Neues Spiel – neues Glück. Die Geschichte ist voll von Unternehmensgründern, die nach einer Pleite neu anfingen und dann sehr erfolgreich wurden. Oder von Erfindern, die keinen Unternehmer von ihrer Idee überzeugen konnten, bis endlich eine Firma es wagte und mit dem neuen Produkt Millionen Gewinn machte. Um Alternativen geht es auch, wenn jemand aus gesundheitlichen Gründen oder aufgrund seines Alters eine bisherige Aufgabe nicht weiter verfolgen kann und eine neue Herausforderung finden muss, die dem Leben einen Sinn gibt.

Diese Schritte im eigenen Leben zu gehen, ist keineswegs einfach. Manchmal kann es – je nach Schwere des Falles – auch hilfreich oder erforderlich sein, sich dabei professionelle Unterstützung durch einen Coach oder Therapeuten zu holen. Diese Zeiten mögen die schwierigsten im Leben sein, doch es sind gleichzeitig die, in denen wir am intensivsten wachsen und innerlich stark werden.

Das Glück wagen

Oft lassen wir uns von unserer Angst leiten, und verkriechen uns lieber in unserem sicheren Schneckenhaus (in unserem Job), als die Fühler auszustrecken. Angst kann ein sinnvoller Schutzmechanismus sein, sie kann uns aber, wenn sie zu irrational und zu stark wird, auch davon abhalten, ein erfülltes Leben zu leben. Laut Psychologieprofessor Daniel Gilbert bieten sich vor allem zwei Möglichkeiten, die Angst in Schach zu halten:

1. Andere Menschen beobachten. Um ein realistischeres Bild davon zu bekommen, wie gravierend bestimmte negative Ereignisse wirklich für uns sein könnten, sollten wir uns nicht auf unsere Phantasie und

Eigenprognose verlassen, sondern uns an Menschen orientieren, die bereits in dieser Situation sind. Wie kommt eine Tante damit zurecht, dass sie ihren Job verloren hat, wie hat der Freund die Insolvenz seiner Firma verarbeitet, wie hat sich der Kumpel aus dem Sportverein damit abgefunden, dass er für seinen neuen Job ins Ausland gehen musste? Wer beobachtet, wie andere Menschen mit den Wechselfällen des Lebens fertig werden, hat die Möglichkeit, besser einzuschätzen, wie er selbst damit umzugehen in der Lage wäre.

2. Zuversichtlich sein. Das ist leicht gesagt, aber das ist wahrscheinlich die wichtigste Botschaft und Schlussfolgerung: Wir sollten uns weniger Sorgen um die Zukunft machen! »Ich bin im Allgemeinen ein sehr glücklicher Mensch und, ja, meine Forschung und die anderer haben mir dabei geholfen«, unterstreicht David Gilbert. »Ich gehe heute größere Risiken ein, weil ich zuversichtlich bin, dass ich mit den Konsequenzen gut werde leben können. Und ich genieße die Gegenwart mehr, weil ich weiß, dass ich höchstwahrscheinlich auch in Zukunft glücklich sein werde, wie immer die auch aussehen mag.«

Vielleicht könnte man sagen, dass unser psychisches Immunsystem wie ein Airbag im Auto wirkt oder wie ein Sicherheitsnetz unter dem Seiltänzer, das einen möglichen Aufprall lindert oder einen auffängt. Wir können lernen, darauf zu vertrauen – auch wenn wir es nicht sehen oder fühlen können! Dann könnten wir tatsächlich mehr Mut zum Risiko haben, das Prickeln mancher Risiken sogar genießen, und damit erfüllter, lebendiger und zufriedener leben.

Finden Sie Ihre persönliche Risikobalance

Um erfüllt und zufrieden leben zu können, brauchen Sie bei der Arbeit wie im Privatleben die richtige *individuelle Balance zwischen (notwendiger) Sicherheit und (gesundem) Risiko.* Jeder Mensch braucht eine gewisse Form von Sicherheit. Sie ist wie das Seil des Bergsteigers und schützt vor verhängnisvollen Abstürzen. Die Wenigsten können oder wollen bis ins hohe Alter als »Freeclimber« im Leben unterwegs sein – ganz einfach, weil sie dadurch ihre gesamte Existenz in Gefahr bringen würden. Nur wenige wünschen sich andererseits ein total abgesichertes Leben nach dem Klischee: Unbefristet angestellt im immer gleichen Job, Reihenhaus in dem Ort, in dem die Familie seit Generationen lebt, jedes Jahr einmal in den Harz. Ja, das kann schön sein, es kann aber auch ganz schön langweilig sein. Am besten geht es uns wahrscheinlich, wenn wir unser Leben in einigermaßen sicheren Rahmenbedingungen leben können, aber sich hin und wieder auch ein größerer Faktor ändert: ein neues Projekt, ein neuer Job, ein Auslandsaufenthalt, ein Umzug.

Risikobalance schenkt das Gefühl der Lebendigkeit

Je flexibler jemand ist, umso unabhängiger, mutiger und innerlich sicherer kann er leben und arbeiten. In den USA ist es vollkommen üblich, dass ein Mensch im Laufe seines Lebens in zwei, drei, vier oder mehr Berufen tätig ist, und auch bei uns nimmt (zwangsläufig) die Erwartung ab, sein Leben lang der gleichen erlernten Beschäftigung nachzugehen. Am unabhängigsten sind die Menschen, die bereit sind, gegebenenfalls auch eine ganz andere und sogar einfachere Tätigkeit anzunehmen, sich also »für nix zu schade« sind.

Die frühere SPD-Bundestagsabgeordnete Lilo Friedrich, auch bekannt als »Rote Lilo« zum Beispiel: Nachdem im Jahr 2005 ihre Politikerkarriere unerwartet früh beendet war und sie dadurch um ihre Alters-

absicherung gebracht wurde, war sie gezwungen, sich mit Mitte 50 nach einem neuen Job umzusehen. Als Krankenschwesternhelferin und Verkäuferin im Kaufhaus wurde sie mehrfach (u. a. als überqualifiziert) abgelehnt, also entschied sie sich zu putzen. Entgegen der Kritik ihres Mannes (»Schnapsidee«) und ihres Sohnes (»sozialer Abstieg«) begann sie mit »sozialem Putzen«: nicht nur Reinemachen, sondern für ältere Herrschaften auch mal einkaufen gehen oder den Schnee vom Hof räumen. Viele fragten, was ist das für eine Bundestagsabgeordnete, die sich da herablässt zu putzen. Doch sie fand diese Tätigkeit einfach notwendig, um das Leben anständig weiterzuleben. Es war eine sinnvolle Tätigkeit, es erfüllte sie, sie hatte Erfolg: Heute hat sie 15 Angestellte auf 400-Euro-Basis, der Ehemann geht beim Treppenhausputzen zur Hand, und der Sohn hilft bei der Buchführung.

Ich entstamme zwar der Familie von Münchhausen, doch dieser Name garantiert natürlich nicht, dass man sein Leben lang auf Burgen und Schlössern wohnt, und, wie Lügenbaron Hieronymus das so schön sagte, *seine Zeit auf die adeligste Art verjunkeriert.*

Nach dem Krieg zum Beispiel hat mein Vater sich jahrelang als Verkäufer in einem Florentiner Antiquitätenladen über Wasser gehalten. Ich selbst habe während meines Studiums in Restaurantküchen Teller gewaschen, als Kellner andere bedient, Wohnungen geweißelt und in Möbellagern gearbeitet. Es ist keineswegs so, dass ich mich danach zurücksehne, aber »zur Not« weiß ich, dass ich es wieder tun könnte – und würde.

Wenn man sich wie die »Rote Lilo« für nix zu schade ist, kann man gelassener mit ganzem Herzen dem nachgehen, was man wirklich will, was einen interessiert und begeistert, und dabei auch immer wieder Risiken eingehen.

Wie viel Risiko sind Sie bereit einzugehen? Können auch Sie sich vorstellen, notfalls in anderen, auch sozial weniger anerkannten Berufen zu arbeiten? Die folgenden Fragen geben Ihnen Gelegenheit herauszufinden, wie Ihre persönliche Einstellung im Spannungsverhältnis von

Risiko und Sicherheit aussieht. Und bitte bedenken Sie: Es gibt auch dabei keine »richtige« oder »falsche« Haltung – sondern nur die Ihre.

Fragen zum Selbstcoaching

1. »Sicherheit geht vor!« – In welchen Bereichen Ihres Lebens ist diese Aussage vollkommen richtig?

_____

_____

_____

_____

2. In welchen Bereichen gehen Sie gerne Risiken ein und haben dabei ein gutes, belebendes Gefühl?

_____

_____

_____

_____

3. Welche Risiken scheuen Sie dagegen – und warum?

_____

_____

_____

_____

4. Wann haben Sie schon die Schwierigkeiten eines zukünftigen Ereignisses überschätzt und dann erlebt, wie viel besser als gedacht Sie damit zurechtgekommen sind?

_____

_____

_____

_____

5. In welchen Lebensbereichen möchten Sie in Zukunft risikofreudiger sein?

_____

_____

_____

_____

Extra-Coaching für Führungskräfte

1. Welche Risikokultur lebt das Management in Ihrem Unternehmen? Wie geht die Führungsspitze mit Misserfolgen um?

_____

_____

_____

_____

2. Wie viele eher risikoorientierte Mitarbeiter arbeiten in Ihrem Team, wie viele setzen eher auf Sicherheit? Welche Risikokultur leben Sie in Ihrem Team?

_____

_____

_____

_____

3. Wie gehen Sie und Ihr Team mit Fehlern um?

_____

_____

_____

_____

4. Gibt es (im Bild der Mäuse-Strategie) ein »Käselager«-Syndrom in Ihrem Team? Wie bringen Sie Ihr Team dazu, aus der Komfortzone herauszugehen und neue Herausforderungen zu suchen?

_____

_____

_____

_____

5. Welche Erfahrungen haben Sie gemacht, wenn Sie Ihren Mitarbeitern Verantwortung übertragen, wenn Sie Jobrotation unterstützen oder andere Maßnahmen ergreifen, die Ihren Mitarbeitern eine gewisse Risikobereitschaft abverlangen?

_____

_____

_____

_____

Drittes Lügenmärchen

»Je leichter der Job, desto besser das Leben«

Eine Stunde konzentrierter Arbeit hilft mehr, deine Lebensfreude anzufachen, deine Schwermut zu überwinden und dein Schiff wieder flottzumachen, als ein Monat dumpfen Brütens.

Benjamin Franklin

*I*m Kreise meiner Zuhörer saß jüngst ein begabter Mann, der mir mit glänzenden Augen von seinem Berufe berichtete. »Mein Arbeitsplatz könnte im Paradiese nicht besser sein«, beteuerte er, der hinieden bei einer mittelständischen Elektrotechnik-Unternehmung in Lohn und Brote stand. Nach seinem Studium des Ingenieurwesens und einigen Aufgaben in anderer Herren Länder, die ihm Erfahrung und eine Reihe von Zusatzqualifikationen eingebracht hatten, sah seine Lebensplanung nun vor, sich in der nächsten Dekade ein wenig auszuruhen – sowohl in beruflicher Hinsicht wie auch, was sein häusliches Leben anging.

Beides schien gut zu gelingen, seine Ehe lief in ruhigen Bahnen, seine beiden Kinder wuchsen bezaubernd heran, und seine berufliche Tätigkeit beeinträchtigte das Familienleben nicht. Er kannte die Abläufe seiner Arbeit – ihm unterstand das gesamte Qualitätssicherungswesen – in- und auswendig. Die Kunst des Prüfens war schon während des Studiums sein Steckenpferd, er konnte Tage und Nächte damit zubringen, technische Verfahren zu entwickeln, um verborgenen Fehlern auf die Schliche zu kommen. Freilich musste er all das jetzt nicht mehr selbst machen: Er hatte ein Team qualifizierter Helfer zur Seite, die ihm diese Arbeit abnahmen – nur noch die wirklich harten Fälle kamen auf sein Schreibpult. Natürlich wurden auch neue Erfindungen entwickelt. Nur hatte das auf seine Tätigkeit keine großen Auswirkungen – von den Problemen der Technik-Erfinder bekam er, der mit seiner Abteilung am Ende des Produktionsprozesses stand, meist nichts mit.

Alles lief also wie am Schnürchen. Täglich betrat der Ingenieur, wenn die Turmuhr neunmal schlug, Werkstatt oder Kontor, und ging zur fünften Stunde wieder nach Haus, wenn er sich oft auch schon gegen Elfe fragte, womit er nun eigentlich den Rest des Tages verbringen sollte. Leider verbot sein Herr, dass er während der Arbeitszeit bunte Bildchen aus dem Archive betrachtete, das sich von seinem Kontore aus über weltweit verspannte Datenkabel öffnen ließ. Auch durfte er in diesem Datennetze keine Waren *zu seinem privaten Gebrauche bestellen, und nicht mit Freunden Petitessen zum Zeitvertreibe austauschen.*

So fand er sein Glück darin, tagein und tagaus Akten auf seinem Tische hin und herzuschieben, und gelegentlich einen Ordner auch hochkant auf der Platte zu dekorieren, um beschäftigt zu wirken. »Oh, wie schön ist es doch, so wenig arbeiten zu müssen für ein ordentliches Gehalt«, sagte er zu sich selbst an jedem Tage. »Was sollte ich auch mehr wollen?«

»Tell me why? I don't like Mondays.«

Die Arbeit so leicht wie möglich zu gestalten, sie vom Rest des Lebens abzukoppeln und Freude und Erfüllung außerhalb des Arbeitsplatzes zu suchen, scheint im Trend der Zeit zu liegen. Arbeitszeit wird »erlitten«, nicht »erlebt«, und Ausgleich für die »Leiden der Arbeit« suchen viele am Feierabend, am Wochenende und im Urlaub – so beschrieb Bernd Rasche dieses Phänomen kürzlich in der *Süddeutschen Zeitung*.

Warum auch nicht? So wird der Arbeitsbeginn in die frühesten Morgenstunden verlegt, und gegen 15 Uhr schon der Abend gefeiert in Vereinen, Baumärkten oder am Gartengrill. Viele Beschäftigte sehen es als regelrechten Sport an, Feier-, Brücken- und Wochenendtage so geschickt miteinander zu verbinden, dass aus 30 Tagen tariflichem Urlaubsanspruch zehn Wochen realer Urlaub werden. Nicht umsonst gibt es in den Tarifverhandlungen zwei »Heilige Kühe«, die kaum ein Arbeitgeber anzutasten wagt: den Umfang des Urlaubsanspruches und die wöchentliche Arbeitszeit. Niedrige Lohnabschlüsse sind gerade noch vermittelbar, aber zwei Tage weniger Urlaub oder eine Stunde mehr Arbeit pro Tag, bei diesen Themen droht regelmäßig Streik.

Sehnen Sie sich auch nach einem ruhigen, angenehmen, bequemeren Leben? Sind Sie es auch leid, den ganzen Tag von einem Meeting zum anderen zu hetzen, dies und jenes zu organisieren, hierhin und dahin zu telefonieren und tausend Dinge auf die Beine zu stellen, von denen 839 doch wieder umgestürzt werden? Haben Sie genug von »Herausforderungen«, die nichts weiter sind als elender Stress? Der US-Bestseller *Die 4-Stunden-Woche* von Timothy Ferris mag Ihnen aus dem Herzen sprechen, denn er entwirft die Utopie einer 240-Minuten-Arbeitswoche bei vollem Lohnausgleich und »mehr Zeit, mehr Geld, mehr Leben« (so der Untertitel).

Endlich nicht mehr so viel arbeiten, das klingt gut. Doch eigentlich ist es merkwürdig – Arbeit ist doch ein integraler und sogar recht archaischer Bestandteil des menschlichen Daseins: Wer Hirschbraten haben will, muss jagen. Wer ernten will, muss säen. Wer wohnen will, muss ein Haus bauen. Steinzeitmänner, deren wesentlicher Arbeitseinsatz in der Jagd bestand, wurden unmittelbar durch ihren Jagderfolg belohnt: Die Existenz war wieder für ein paar Tage gesichert. Es ist wahrscheinlich, dass sie die Jagd gar nicht als Arbeit empfunden haben.

Auch heute gibt es Berufsgruppen, die nicht zwischen Arbeit und restlichem Leben trennen müssen, können oder wollen: Wissenschaftler, Künstler und Freiberufler gehören dazu, die, selbst wenn sie äußerlich mit etwas anderem als ihrer eigentlichen Tätigkeit beschäftigt sind, ständig mit ihren Gedanken um ihre Arbeit kreisen – die sie freilich nicht als solche empfinden.

Aber das ist die Minderheit. Für die Mehrheit ist der Arbeitsbegriff geprägt von den Prinzipien der arbeitsteiligen Volkswirtschaft: Unternehmen lassen für sich arbeiten und können dabei die Bedingungen der Arbeit vorgeben. In schlechteren Fällen (diese schlechteren Fälle hat es Jahrtausende gegeben, und leider gibt es sie bis heute) sind diese Bedingungen so gestaltet, dass die Arbeitskraft mehr oder weniger ausgebeutet wird. Hinzu kommt, dass viele Arbeitnehmer keinen unmittelbaren Zusammenhang zwischen ihrer Tätigkeit und dem Unternehmenszweck erkennen können. Eingebunden in eine große Organisation, sehen sie sich als Teil eines kafkaesken Getriebes, als zwar notwendiges, aber austauschbares Rädchen, ohne realistische Möglichkeit der Einflussnahme auf die Tätigkeit, ohne Aussicht auf Anerkennung und Weiterentwicklung.

Geht es Ihnen auch so? Dann ist es nur logisch, wenn Sie alles daran setzen, Ihre Erwerbsarbeit auf das notwendige Minimum zu reduzieren. Je leichter der Job, desto besser das Leben – also kein Lügenmärchen?

Keine Arbeit macht auch nicht froh

Vielleicht doch. Denn es gibt, auch auf Grundlage neuerer wissenschaftlicher Untersuchungen, eine Reihe von Hinweisen, die dafür sprechen, dass die Minimierung der Arbeit bei gleichzeitiger Maximierung der Freizeit keine Erfolgsgarantie bei der Suche nach der absoluten Zufriedenheit bietet. Führt man den Gedanken der Arbeitsreduktion weiter, müssten ja eigentlich diejenigen, die mit Arbeit – ob freiwillig oder gezwungenermaßen – überhaupt nichts mehr zu tun haben, weitaus zufriedener sein als arbeitende Vergleichsgruppen. Dass es nicht so ist, zeigen Studien mit Pensionären und Arbeitslosen.

So wurden von der University of Glamorgan (Wales) 45 Rentner nach ihrer Zufriedenheit mit dem Rentnerdasein befragt. Es waren Personen ganz unterschiedlichen Alters, die aus verschiedensten Gründen ihr aktives Arbeitsleben beendet hatten. Manche hatten ihre Arbeit gerne gemacht, andere nicht, einige mussten aus gesundheitlichen Gründen aufhören, andere allein wegen Überschreiten der Altersgrenze. Allen war gemeinsam: Am zufriedensten mit dem Rentnerleben waren diejenigen unter ihnen, die eine neue Herausforderung angegangen waren, sich interessante Ziele gesetzt haben, Neues lernten, Kontakte pflegten oder sich ehrenamtlich engagierten – kurz: die Arbeit hatten. Dies war gleichzeitig die größere Gruppe unter den Befragten. Einige wenige hatten sich dagegen tatsächlich völlig zurückgezogen, pflegten kaum soziale Kontakte und waren überwiegend inaktiv: Sie trauerten ihrem Arbeitsleben nach, das ihnen Rhythmus, Struktur und vor allem eine Aufgabe gegeben hatte.

In dieses Bild fügt sich ein Bericht der *Süddeutschen Zeitung* über die Bewohner der japanischen Insel Oshima ein. Man kann diese Insel als die älteste Japans bezeichnen – in demografischer Hinsicht. Denn zwei Drittel ihrer Bewohner sind über 65 Jahre alt, die 75- bis 79-Jährigen stellen die größte Gruppe. Da die Jungen die Insel längst verlassen haben und ihr Glück in den Städten suchen, sind es nun die Alten, die Oshima am Leben erhalten. Rentner, die keine Aufgabe haben, gibt es hier praktisch nicht, aber die Bewohner sind deswegen nicht unzufrieden. Es gilt der Grundsatz: Wer noch arbeitet, ist nicht alt.

Ganz ähnliche Befunde ergeben sich auch bei der Gruppe der Arbeitslosen. Natürlich wird der Arbeitsplatzverlust zunächst als ein Mangel finanzieller Möglichkeiten wahrgenommen, können doch die Sozialleistungen den bisherigen Lebensstandard bei den meisten nicht sichern – so Christiane Kohl in einem Beitrag für die *Süddeutsche Zeitung* (24.12.2006). Mit der Zeit allerdings, so berichten vor allem Langzeitarbeitslose, tritt ein weiterer Aspekt in den Vordergrund: der Umstand, keine Aufgabe zu haben, nicht mehr gebraucht zu werden, der Verlust aller haltgebenden Tagesrhythmen.

So verwundert es dann auch nicht, wenn manche Arbeitslose froh um Jobs sind, die ihnen im Rahmen von Arbeitsbeschaffungsmaßnahmen angeboten werden – selbst wenn diese weit unter ihrer Qualifikation tätig sind und sie kaum mehr verdienen, als ihnen aufgrund von Arbeitslosengeld oder Grundsicherung zustehen würde. So leitet etwa eine studierte Bibliothekarin einen gemeinnützigen Caritas-Laden, und ein ehemaliger, aber aufgrund seiner politischen Vergangenheit in der DDR nicht mehr erwünschter Hochschullehrer ist als Koch tätig. Beide entgehen so dem »Stress, dass man nichts tun kann«. Sogar eine als Strafe gedachte Maßnahme kann unter Umständen als Rettung angesehen werden: »Endlich Arbeit!«, zitierte *Die Zeit* 2003 eine seit langem arbeitslose Frau, die nach einem tätlichen Angriff auf Polizeibeamte zu 200 Stunden gemeinnütziger Arbeit verurteilt wurde – unbezahlt, versteht sich.

Auch für ganz normale Arbeitnehmer wird ein Weniger an Arbeit nicht automatisch zu einem Mehr an Lebensqualität. Während des Börsenhypes der 1990er Jahre profitierten viele von Aktienprogrammen ihrer Unternehmen und gerieten in die komfortable Lage, als angestellte Millionäre arbeiten zu können. Sie hätten ihre Aktien zu Geld machen und sich zur Ruhe setzen können – und arbeiteten trotzdem weiter. Ja, viele von ihnen forderten sogar von ihren Arbeitgebern kontinuierlich interessantere und spannendere Aufgaben, beschreibt Suzy Wetlaufer 2001 in der Zeitschrift *Harvard Business Manager*.

Schließlich: Auch die seit Beginn der Industrialisierung stetig abnehmende Wochenarbeitszeit trägt wenig zum Glück des Arbeitnehmers bei. Es gehört zu den modernen Märchen, dass man Menschen zur Arbeit motiviert, indem man sie vom Arbeitsplatz fernhält – das hat Frederick Irving Herzberg, ehemals Professor für Arbeitswissenschaft und Psychologie an der University of Utah, schon in den 1960er Jahren des vergangenen Jahrhunderts herausgefunden. Tatsache ist: »Motivierte Mitarbeiter wollen eher länger als kürzer arbeiten.«

Auf die Balance kommt es an

Also scheinen der leichte Job oder gar kein Job auch keine Garantie für ein zufriedenes Leben zu sein. Aber was dann? Das Gegenteil? Muss Arbeit wehtun, um uns zufrieden zu machen?

Die Ansicht scheint zumindest in der so genannten protestantischen Arbeitsethik ihre Rechtfertigung zu finden, die – entstanden in der Reformationszeit – das jenseitige Schicksal des Menschen in Beziehung setzte zu seinem diesseitigen Arbeitseinsatz. Je erfolgreicher der Mensch hier unten auf der Erde an dem Platz war, an den das Schicksal ihn gestellt hatte, desto besser waren seine Aussichten, dass Gott ihn im Jenseits erlöste. Wer hart arbeitete, war also mit hoher Sicherheit ein Kandidat für den Himmel – keine schlechten Aussichten – und so arbeiteten viele »im Blick auf das Versprechen ewiger Seligkeit mit doppelter Kraft«, so beschreibt es Mihaly Csikszentmihalyi in *Flow im Beruf*. Klaglos waren sie tätig, doch leider ohne Spaß. Heute mag der theologische Hintergrund für viele verloren gegangen sein. Geblieben ist aber die verbreitete Ansicht, dass *harte* Arbeit und vor allem *viel*

Arbeit adelt. Bis heute ist es üblich, die Bedeutung eines Arbeitnehmers an der Menge seiner Überstunden zu messen, gleichgültig, ob dies als Ausweis qualitativ guter Leistung zu werten ist oder nicht.

Andererseits ist allgemein bekannt, dass eine hohe, über einen langen Zeitraum als belastend empfundene Arbeitslast krank machen kann. Im Verbund mit geringen Entscheidungsspielräumen und geringen Möglichkeiten, den eigenen Fähigkeiten gemäß zu arbeiten, stellt dies eine der Hauptursachen für körperliche und psychische Krankheiten dar.

Überforderte Mitarbeiter wählen häufig den Weg des geringsten Widerstandes: Sie machen nach außen zwar weiter wie bisher, reichen aber die innere Kündigung ein und belasten das Unternehmen fortan durch ihr Mitläufertum. Sie werden zu Ja-Sagern, nicken ab, bringen keine eigenen Ideen mehr ein, auch keine Vorschläge oder Kritik. Aktuellen Studien zufolge kostet solches Verhalten die Wirtschaft bis zu 109 Milliarden Euro – pro Jahr. Der Ausfall eines Arbeitnehmers durch Burnout kostet ein Unternehmen übrigens im Schnitt 200 000 Euro.

So drängt sich die Frage nach einem dritten Weg auf, der irgendwo zwischen Minimierung und Maximierung der Arbeitslast liegt. Wie muss ein Job sein, der uns gut gefällt? Der uns guttut? In dem wir gute Arbeit leisten, und uns diese auch noch leicht fällt?

Vier Faktoren, die einen guten Job ausmachen

Um das herauszufinden, gehen wir noch einmal zurück zu dem dümpelnden Diplomingenieur, den Sie bereits vom Anfang des Kapitels kennen.

Des Ingenieurs Langeweile jedoch wurde größer und es kam der Zeitpunkt, an dem dies auch seinem Herrn nicht mehr verborgen bleiben konnte. Denn der ehemals lebenslustige Mitarbeiter hatte sich in einen Misanthropen verwandelt, der seine besten Leute mit zynischen Aus-

sprüchen malträtierte und die Stimmung in seiner Abteilung erheblich störte. »Was geht in Ihnen vor?«, donnerte eines Tages der Herr. »Verdienen Sie nicht genug, oder was ist der Grund für Ihr Stänkern?« »Pardon, mein Herr, das ist es nicht«, entgegnete da der junge Ingenieur. »Allein, mir fehlen die Werkzeuge, die technischen Tüfteleien, die Drähte, die Versuche und die Kontroll-Leuchten. Diese Dinge liegen mir viel näher als Terminkalender, Telefonhörer, Präsentierfolien und Konferenzkaffee. Ich bin Prüfer, Forscher – kein Antreiber für Hilfsprüfer, kein Administrator, kein Organisator, kein Delegator.« Da wurde dem Herrn klar, dass er dem Ingenieure keinen Gefallen tun würde, wenn er ihn noch ein wenig höher auf der Karriereleiter kraxeln lassen würde.

Stattdessen schlug er einen Umbau der ganzen Abteilung vor: Der Ingenieur wurde zum technischen Leiter des Prüfwesens, unter Beibehaltung seines Gehalts, aber entlastet um die gesamten administrativen Tätigkeiten. Seine Abteilung schloss enger an die Entwicklungsabteilungen an – sehr zum Vorteil für das Unternehmen, wie sich herausstellte, denn dies brachte erhebliche Kosteneinsparungen in der Produktion mit sich.

Der Ingenieur aber fand neuen Spaß an der Arbeit. War er früher schon froh, wenn er einmal in der Woche eine kleine technische Tüftelei vor sich hatte, so trieb er jetzt von Anfang an den gesamten Entwicklungsprozess eines Produktes voran – von den ersten Planzeichnungen bis zur Rückmeldung durch den Kunden. Dies belebte ihn so sehr, dass er überhaupt keine Mühe mehr hatte sich in Kontor und Werkstatt den ganzen Tag zu beschäftigen. Im Gegenteil: Der Herr musste ihn alle paar Tage am Abend nach Hause schicken, weil er freiwillig nicht gehen mochte.

Flow: Herausforderung trifft Fähigkeit

Was war passiert? Mit der Neuausrichtung der Arbeitsstelle seines Ingenieurs hatte der Vorgesetzte an einer Schraube gedreht, die für die Arbeitszufriedenheit entscheidend ist: Er hatte das für den Ingenieur

passende Verhältnis von Herausforderung und Fähigkeiten wieder-
hergestellt – und damit die beiden Faktoren aufgegriffen, die zentra-
ler Forschungsgegenstand des US-amerikanischen Wissenschaftlers
Mihaly Csikszentmihalyi sind. Seine Erkenntnisse zum Thema Motivation und Arbeitszufriedenheit werden heute unter dem Schlagwort
»Flow« zusammengefasst.

Der Spaß an der Arbeit entsteht, so die Theorie, auf dem relativ
schmalen Grat zwischen Überforderung (die uns stresst) und Unterforderung (die uns langweilt), genau dann, wenn die Herausforderung
mit unseren Fähigkeiten im Einklang steht oder sie vielleicht sogar ein
klein wenig übersteigt. Zu vermeiden gilt es die beiden Extrembere-
che dauerhafte Überforderung und dauerhafte Unterforderung – mit
dem Schwerpunkt auf »dauerhaft«. Denn in den wenigsten Fällen
wird das Berufsleben so beschaffen sein, dass wir ständig auf dem
Flowpfad wandeln können. Ein anstrengendes, arbeitsaufwändiges
Projekt, der Ausfall eines Kollegen, schwierige Kunden, ein überfor-
derter Chef, der selbst unter Druck steht, dann vielleicht noch ein oder
zwei private Probleme – und schon macht uns unsere Arbeit gerade
mal wieder keinen so großen Spaß. Zwei Wochen lang sitzen wir täglich 14 Stunden im Büro, lassen den Partner warten, sagen Treffen
mit Freunden ab, verabschieden uns langsam von geregelten Essens-
zeiten und verschlafen den mühsam freigehaltenen Sonntag. Man
fühlt sich ausgebrannt und fragt sich manchmal, ob das alles wirklich
sein muss – ist das jetzt also schon ein Burnout, ein stressbedingter
Erschöpfungszustand, oder noch normale Arbeit?

Auf der anderen Seite: Seit mehr als einer Woche dümpeln wir im
Büro so vor uns hin, ein Telefonat hier, ein Schwätzchen da, die liegen-
gebliebenen Dinge aus der letzten »Stressperiode« sind längst abge-
arbeitet, die Ablage glänzt, alle Berichte sind geschrieben, Überstunden abzufeiern gibt es auch keine mehr – langweilen Sie sich noch im
normalen Rahmen oder schon auf so hohem Niveau, dass Sie am Ende
vielleicht ganz ähnliche Stresssymptome bei sich wahrnehmen wie in
einer Überforderungssituation – und damit am Gegenteil des Burnout
leiden, dem Boreout?

In beiden Fällen gilt: Alles ganz normal – solange es zeitliche Begrenzungen gibt. Der Spaß an der Arbeit entsteht nämlich nicht auf einer mit dem Lineal gezogenen Hochgeschwindigkeitsstrecke, eher schon auf einer schön geschwungenen Panoramastraße. Auf der gibt es neben den vielen Highlights auch immer wieder Passagen, die nicht so tolle Ausblicke bieten. Jeder Beruf, jede Tätigkeit wird uns früher oder später in Situationen führen, die uns zeitweise über- oder unterfordern. Wie gesagt: zeitweise! Problematisch wird es, wenn wir uns länger in diesen Extrembereichen bewegen, wenn die Abweichungen von der Ideallinie zum Regelfall werden. Dann gilt es gegenzusteuern, um nicht dauerhaft in die negativen Folgen übermäßigen Stresses oder lähmender Langeweile zu geraten.

Stark komprimiert verbirgt sich hinter dem Flow-Modell also Folgendes:

♦ Der maßgebliche Faktor, um Spaß an einer Sache zu haben, ist die Herausforderung.
♦ Die konkrete Herausforderung muss dabei mit den eigenen Fähigkeiten in Einklang stehen.

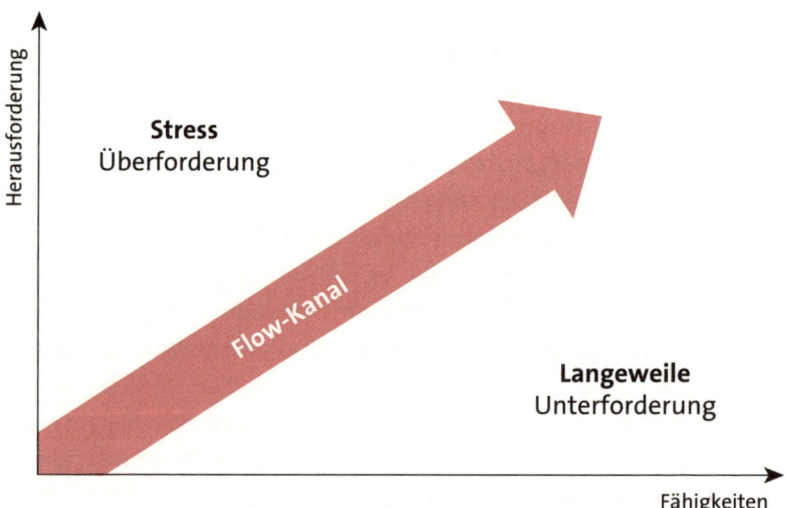

Das Flow-Modell: Zwischen Über- und Unterforderung

Auf dieser Grundlage können Sie sich folgende Szenarien vorstellen:

1. Große Herausforderung trifft kleine Fähigkeit

Angenommen, der Bilanzbuchhalter einer mittelständischen GmbH soll im Zuge einer geplanten Fusion die Bilanzen der letzten Jahre vor einem international besetzten Gremium erläutern. Es besteht natürlich die Möglichkeit, dass unser Buchhalter ganz begeistert ist und sich freut, endlich mal im Rampenlicht zu stehen. Wahrscheinlicher aber ist, dass er sich überfordert fühlt und in Stress gerät.

2. Kleine Herausforderung trifft große Fähigkeit

Denkbar ist auch ein zweites Szenario: Unser Bilanzbuchhalter – inzwischen ausgestattet mit diversen Zusatzausbildungen – soll zukünftig nur noch Belege sammeln und die Buchungsarbeiten einer Kollegin überlassen. Auch hier ist es wieder möglich, dass er zufrieden Belege abheftet und sich im Übrigen seiner Briefmarkensammlung widmet. Realistisch betrachtet wird er sich aber sehr schnell sehr langweilen, weil ihn diese Sortierarbeit völlig unterfordert und er diese vielleicht sogar als Strafarbeit empfindet.

3. Herausforderung und Fähigkeit passen zueinander

Freude an einer Sache – so haben Csikszentmihalyis Untersuchungen ergeben – entsteht erst, wenn die Fähigkeiten der Herausforderung entsprechen, und zwar genau dann, wenn wir an der Grenze unserer individuellen Fähigkeiten sind, wenn wir gefordert werden, ohne uns zu überfordern. Dann gehen wir gleichsam in einer Tätigkeit völlig auf, üben sie aus, weil sie Spaß macht und uns in ihren Bann zieht – und nicht, weil wir Geld dafür bekommen oder gelobt werden.

Passen nun Herausforderungen und Fähigkeiten zueinander, bringt das Arbeiten im Zustand des Flow eine ganze Menge Vorteile mit sich:

Flow macht kreativ. Wer im Flow arbeitet, erkennt Zusammenhänge leichter, stellt Querverbindungen her und kann auch schwierige Probleme lösen. Den Zusammenhang zwischen einer herausfordernden Tätigkeit und gesteigerter Kreativität belegen unter anderem die Forschungen der Harvard-Professorin Teresa M. Amabile. Sie untersuchte über Jahre die Tagebucheintragungen von Menschen, die in kreativen Projekten eingebunden sind. Drei Ergebnisse ihrer Forschungen sind hier von besonderem Interesse:

◆ *Jeder kann kreativ sein.* Sicher, es mag Menschen geben, denen kreative Arbeiten leichter fallen. Aber im Grundsatz kann jeder Mensch innerhalb seiner Tätigkeit kreative Ansätze entwickeln und damit seine Arbeit interessanter gestalten.
◆ *Glückliche und zufriedene Arbeitnehmer sind kreativer.* Die Annahme, dass Unzufriedenheit und Druck Kreativität fördere, stellt sich als Irrtum heraus. Spaß an der Arbeit und Zufriedenheit mit den Arbeitsbedingungen hingegen fördern die Kreativität.
◆ *Kreativität gedeiht am besten bei einer Tätigkeit, die fordert, ohne zu überfordern* – und gerade dadurch Spaß macht. »Arbeitnehmer wollen eine Aufgabe, die sie herausfordert, bei der sie aber auch Fortschritte machen können«, sagt die Forscherin. Der Faktor Geld hat hingegen auf das Ausmaß der Kreativität keinen messbaren Einfluss.

Flow macht froh! Wenn wir uns einer herausfordernden Aufgabe stellen, feiert unser Gehirn eine Party. Denn in dem Moment, in dem wir uns *auf ein bestimmtes Ziel konzentrieren* und an einer Lösung arbeiten, kommt es im Gehirn – so sieht es zumindest eine Reihe von Wissenschaftlern – zur Ausschüttung von Dopamin.

Dopamin schmiert den Geist. Unter dem Einfluss von Dopamin scheint unser Gehirn schneller zu arbeiten, wir denken rascher, sind kreativer und konzentrierter, assoziieren freier und – dies ist die eigentlich gute Botschaft – sind dabei nicht etwa angestrengt oder verbissen, sondern auch noch gut gelaunt.

◆ *Pendeln zwischen Begehren und Belohnung:* Sobald wir den ersten Teilerfolg erzielt haben, belohnt uns unser Körper mit Opioiden, also mit körpereigenen Wohlfühlhormonen. Die Laune steigt, und mit jeder Etappe, die wir uns auf dem Weg zum Ziel vornehmen, bekommen wir eine weitere Dosis Dopamin – sodass wir in der Erwartung dieser Erfolge (und der guten Gefühle, die sie auslösen) zügig weitermachen. Wie ein Pendel schwingt unser Gemütszustand also zwischen euphorischem Begehren (dafür sorgt Dopamin) einerseits und der Belohnung (in Form der Opioidausschüttung) andererseits hin und her.

◆ *Ist die Aufgabe zu schwer, streikt das Hirn.* Freilich funktioniert das alles nur so lange reibungslos, wie sich immer wieder Erfolgserlebnisse einstellen – anders gesagt: wie die Fähigkeiten mit der Herausforderung in Einklang stehen (womit wir wieder beim Flow-Modell wären). Denn ist die Aufgabe, vor der wir stehen, zu schwer, mag es zwar anfänglich zu Dopaminausschüttung kommen. Aber dann bleibt der Erfolg aus. Da kann das Dopamin wenig ausrichten: Wir strengen uns mehr und mehr an, um eine Lösung zu finden, aber unser Gehirn macht nicht mehr mit. Die Fokussierung auf das unlösbare Problem erzeugt Stress statt Wohlgefühl, Selbstzweifel plagen uns, schließlich geben wir entnervt auf, die erhoffte Belohnung bleibt aus.

◆ *Ist das Problem zu leicht, sinkt die Konzentration.* Nicht anders verläuft es im Ergebnis, wenn das Problem zu leicht lösbar ist. Das mag auf den ersten Blick erstaunen, scheint es doch zunächst einmal so zu sein, dass die vom Dopamin versprochenen guten Gefühle dann eben schneller erlangt werden, wenn das Problem einfach und schnell lösbar ist. Dabei berücksichtigen wir allerdings nicht ausreichend, dass Unterforderung im Gehirn ganz ähnliche Reaktionen erzeugt wie Überforderung.

Je spannender der Text, desto leichter das Lesen

Die negativen Auswirkungen der Unterforderung wurden in einem Versuch deutlich, den die Londoner Neuropsychologin Nilli Lavie durchführte: Probanden sollten auf einem Bildschirm Wörter lesen. Im Hintergrund des Monitors flackerten diverse Muster, die allerdings keine Beachtung finden sollten. Die besten Leseergebnisse erzielten die Teilnehmer, wenn sie von der Leseaufgabe ausreichend gefordert wurden (sprich: wenn der Text interessant war). Sie kümmerten sich dann schlicht nicht mehr um die verschiedenen Muster im Hintergrund.

Ganz anders aber, wenn sie die Wörter im Vordergrund nicht mehr ausreichend in Beschlag nahmen (sprich: öder Text). Dann wurde den Versuchspersonen langweilig, ihr Gehirn suchte nach neuen Reizen – und fand diese in den Mustern auf dem Monitor. Die Folge aber war, dass sich die Probanden nicht mehr ausreichend auf die eigentliche Aufgabe konzentrierten und der Leseerfolg abnahm.

Als Zwischenergebnis lässt sich damit festhalten: Spaß und Erfüllung an der Arbeit entstehen dauerhaft, wenn man sich immer wieder neu fordert. Über- und Unterforderung dagegen sind schädlich. Darin besteht die Kunst – bei der Arbeit wie auch im Leben: die Balance zu finden zwischen Unter- und Überforderung.

Erfolge: Was sich messen lässt, kann gefeiert werden

Das körpereigene Erwartungs- und Belohnungssystem, das gewissermaßen die neurobiologische Grundlage des Flow-Erlebens darstellt, kommt allerdings nur dann richtig zur Wirkung, wenn wir *messbare* Erfolge verbuchen. Klar: Wenn das Gehirn nicht merkt, dass es etwas zu feiern gibt, dann spendiert es auch kein Dopamin-Feuerwerk. Sie brauchen also irgendeine Art von Messlatte, die Sie überspringen können.

In manchen Berufen ist diese Messlatte ganz leicht zu sehen: Der Motor ist fertig, die Heizung funktioniert wieder, der Vertrag wurde unterzeichnet, die geplanten Einsparungen wurden realisiert, die Zeitschrift ist erschienen.

Oft ist es aber so, dass die Früchte Ihrer Arbeit an einer anderen Stelle im Unternehmen geerntet werden und Sie selbst davon gar nichts mitbekommen. Das muss gar keine böse Absicht sein, sondern ist meist eine Folge arbeitsteiliger Produktionsprozesse. In diesen Fällen ist es umso wichtiger, dass Ihr Chef Ihnen Ihre Erfolge transparent macht und Ihnen damit die Anerkennung gibt, die Ihnen zusteht.

Wenn Sie selbst Führungskraft sind, wissen Sie, wie schwierig das ist: Sie müssen bewusst aus der Hektik des Tagesgeschäfts aussteigen, möglicherweise Daten oder Feedback aus anderen Abteilungen anfordern (die auch »Besseres« zu tun haben), sich Zeit für ein persönliches Gespräch nehmen – und das zu einem Fall, der akut nicht »brennt« – im Unterschied etwa zu dem geplatzten Vertrag, zur falschen Lieferung, zum Fehldruck der Firmenbroschüren, zu den miserablen Umsatzzahlen und anderen Katastrophen, die von Ihnen sofortiges Handeln verlangen.

Spaß: Aufgabe trifft Interesse

Warum macht uns ein Job Spaß? Weil wir das passende Diplom im Zeugnisordner abgeheftet haben? Oder weil wir uns für den Inhalt der Arbeit interessieren: Umwelttechnik, Texte, Sportmarketing, Getreide, Personalentwicklung, Rap-Musik, Nachhaltigkeit, Elefanten, IT-Sicherheit, Herzoperationen? Vielleicht wenden wir begeistert Technik an und sind ständig auf der Suche nach technischen Lösungen für alle Arten von geschäftlichen Problemen? Oder wir entwickeln gerne Theorien (während uns die Umsetzung derselben weniger interessiert), sind gerne kreativ (ganz gleich, ob in der Lösung von Logistikproblemen, von PR-Aufgaben oder beim Komponieren) oder sehen unsere Bestimmung im Beraten, Überzeugen und Betreuen von Kunden?

Was auch immer uns antreibt: *Unser Interesse bestimmt die Art der Tätigkeit, die uns am meisten Arbeitszufriedenheit verschafft – relativ unabhängig von unseren Stärken und Schwächen.* Das Problem allerdings ist: Oft sind uns die eigenen beruflichen Interessen gar nicht so richtig bewusst, und viele Chefs bemerken unsere persönlichen Interessen gar nicht. Kein Wunder also, dass sich viele montags mit Mühe zu dem Job quälen, für den sie eigentlich genau die richtige Ausbildung mitbringen, der sie aber tatsächlich nicht die Bohne interessiert. Und ebenfalls kein Wunder, dass es in vielen Fällen denjenigen besser geht, die auf ihre formalen Qualifikationen pfeifen und ihren wahren Interessen folgen.

Wenn Sie nicht sicher sind, wo Ihre wahren Interessen liegen, können Sie zum Beispiel an einem Seminar zur Berufsfindung teilnehmen, oder Sie lesen ein Buch darüber – in der Literaturliste finden Sie einige Hinweise. Oder Sie achten einfach einmal darauf, was genau Sie den lieben langen Tag lang tun, und was davon Ihnen richtig Spaß macht.

Sind Sie Führungskraft, beobachten Sie Ihre Mitarbeiter genau – und zwar unabhängig von deren Jobbeschreibungen –, und sprechen regelmäßig über deren Spaß an der Arbeit. So kann es passieren, dass sich Perspektiven auftun, die Ihr Mitarbeiter und Sie selbst gar nicht erwartet haben:

Lust hatte er nicht dazu, aber unserem Ingenieure blieb nichts anderes übrig: Büro, Werkstatt und Lager platzten aus allen Nähten, die Firma brauchte einen neuen Standort – und er war von seinen geschäftsführenden Herren dazu verdonnert worden, ein neues Gebäude zu finden, einen neuen Mietvertrag auszuhandeln, die großen Maschinen an den neuen Standort transportieren zu lassen, die kompletten Lagerbestände umzuziehen, neue Büros einzurichten und alle Rechner und Fernsprecher neu vernetzen zu lassen. Zuerst quälte er sich fürchterlich, doch als die letzten Kisten ausgepackt wurden, sprach er: »Diese Aufgabe hat mir große Freude bereitet!« »Wirklich?«, fragt der Herr. »All diese Umzugs- tätigkeiten gehören doch nicht zu Ihrem eigentlichen Aufgabenbereich. Aber offenbar haben Sie Freude daran, größere Logistik-Aufgaben zu lösen, Sie behalten noch im größten Chaos den Überblick und können im Zweifelsfall sehr kreativ improvisieren. Was halten Sie davon, unsere neue Tochterfirma in Russland mit aufzubauen? Das könnte doch genau der richtige Job für Sie sein. Denken Sie mal drüber nach.«

Freiraum: Was, wann, wie und wo – das bestimme ich selbst

Vielleicht haben Sie Unternehmer oder Freiberufler in Ihrem Bekann- tenkreis, die beinahe Tag und Nacht arbeiten, und trotzdem völlig zufrieden sind mit ihrem Job? »Wie kann das sein?«, fragen Sie sich. Die Antwort ist ganz einfach: Wenn die Auftragslage von Architekten, Rechtsanwälten, Physiotherapeuten, Bühnenbildnern, Journalisten oder Unternehmensberatern gut ist, dann haben sie einen enormen Frei- raum. Nur sie allein bestimmen, wann sie arbeiten, wo sie arbeiten, wie sie das tun und für wen (und nehmen dafür Verdienstschwankun- gen in Kauf). Viele Mitarbeiter träumen von solchen Arbeitsbedingun- gen (und sind zugleich froh darüber, dass ihr Girokonto regelmäßig beregnet wird), denn je enger ihre Spielräume sind, desto stärker wird der negative Stress.

Manchmal haben wir sogar Freiräume, nutzen sie allerdings nicht, weil wir Angst vor Fehlern haben. Das kommt vor allem in Unterneh- men vor, in denen Fehler nicht als Lernchance gelten, sondern als Anlass für Sanktionen. Druck und Angst vor Fehlern führen zu Ver- unsicherung und zur Stressreaktion, die wiederum kreative Problem- lösung unmöglich macht. Wo Kreativität nicht entstehen kann, sind aber auch kein Flow und keine Arbeitszufriedenheit möglich. Hirn- forscher Gerald Hüther erklärt den Zusammenhang: »Überall dort, wo versucht wird, vorhandene Ressourcen bis zum Letzten auszunutzen, wo Angst geschürt, Druck gemacht, genau vorgeschrieben und kontrolliert wird, wo Mitdenken nicht wertgeschätzt und Verantwortung nicht übertragen wird, werden die kreativen Potenziale der Mitarbeiter nicht nur übersehen. Sie werden unterdrückt.«

Wenn wir möglichst viel selbst planen, entscheiden und kontrollieren können, geht es uns im Job am Besten. Dazu gehört auch, dass wir die Freiheit haben, zu bestimmten Zeiten nicht ans Telefon zu gehen und keine E-Mails zu beantworten. Und dass wir nicht tagein, tagaus auf den ewig gleichen Bürostuhl genagelt sind, sondern regelmäßig einige Stunden oder ganze Arbeitstage außerhalb des gewohnten Büroumfeldes verbringen können.

Schluss mit der Lüge vom leichten Job

»Na toll«, denken Sie jetzt vielleicht, »Ich bin Sozialversicherungs-Fachangestellte, auf meinem Schreibtischfurnier kommt Flow nicht auf, mein Job interessiert mich nicht besonders, ich habe keinen Freiraum, und mein größter Erfolg ist ein leerer Ablagekorb! Und was mache *ich* jetzt?«

Welchem Beruf auch immer Sie nachgehen, und mit welchen Rahmenbedingungen auch immer Sie sich abfinden müssen: Jeder hat einige Möglichkeiten, einen überfordernden Job leichter oder einen langweiligen Job interessanter zu machen – oder ganz auszusteigen.

Viele träumen davon: den Job hinschmeißen, auswandern, Rinder hüten in Australien. Der Vorteil: Der momentane Job ist für immer vorbei, nie mehr Ärger mit dem Chef, nie mehr Nerverei mit den Kollegen, nie mehr Stress (oder Langeweile). Der Nachteil: Möglicherweise ist auch das Rinderhüten auf Dauer stressig oder langweilig. Von der Problematik, ein Einkommen erwirtschaften zu müssen, ganz zu schweigen (denn nur die wenigsten können es sich ja leisten, ohne Rücksicht auf finanzielle Belange tatsächlich völlig auszusteigen). Das scheint also nicht für alle das Mittel erster Wahl zu sein.

Zwischen dem völligen Ausstieg aus dem Job einerseits und dem resignierten Abwarten-bis-zur-Rente im Job gibt es glücklicherweise noch viele Abstufungen. Es gibt eine ganze Menge Hebel, an denen Sie ansetzen können – vielleicht ist unter den nachfolgend beschriebenen Möglichkeiten auch eine dabei, die Sie in Ihrem Arbeitsleben ausprobieren können.

Machen Sie Ihren Job leichter

Was haben alle Keller, Speicher und Garagen dieser Welt gemeinsam? Richtig: Mit der Zeit neigen all diese Räumlichkeiten dazu, eine Menge Gerümpel in sich aufzunehmen – so lange, bis der eigentliche Zweck des Raumes ziemlich verschüttet ist. Das Mittel der Wahl lautet dann: Entrümpeln. Ähnlich ist es im Beruf: Im Laufe der Zeit sammelt sich auch dort allerlei »Kleinkram« an (ungünstige Gewohnheiten, Mal-eben-gerade-Nebenher-Erledigungen, Störfaktoren aller Art), die wir ohne große Probleme loswerden und uns damit den Arbeitsalltag erheblich erleichtern können – ganz ohne Jobwechsel.

Mehr Konzentration! Leichter kann Ihr Job zum Beispiel werden, wenn Sie schneller in den Zustand geraten, in dem die Arbeit leicht von der Hand geht und Spaß macht. Doch wie geht das?

Erstens mit einem klaren Ziel, das Sie herausfordert. Und zweitens, indem Sie Störungsquellen aller Art entrümpeln. Am Anfang kostet das zumeist eine kleine Überwindung. Dann aber wird im Hirn – zumal nach den ersten kleinen Erfolgserlebnissen – ein wunderbares Dopamin-Feuerwerk gezündet.

Ein klares Ziel wirkt auf die umherschwirrenden Gedanken wie ein Magnet. Das Ziel besteht in der konkreten Herausforderung, die Sie sich zur Aufgabe gemacht haben. Je klarer Sie diese definiert haben, je konkreter und genauer die Vorgaben und auch das zeitliche Limit sind, in dem Sie Ihre Arbeit erledigt haben wollen, umso stärker ist die Anziehungskraft.

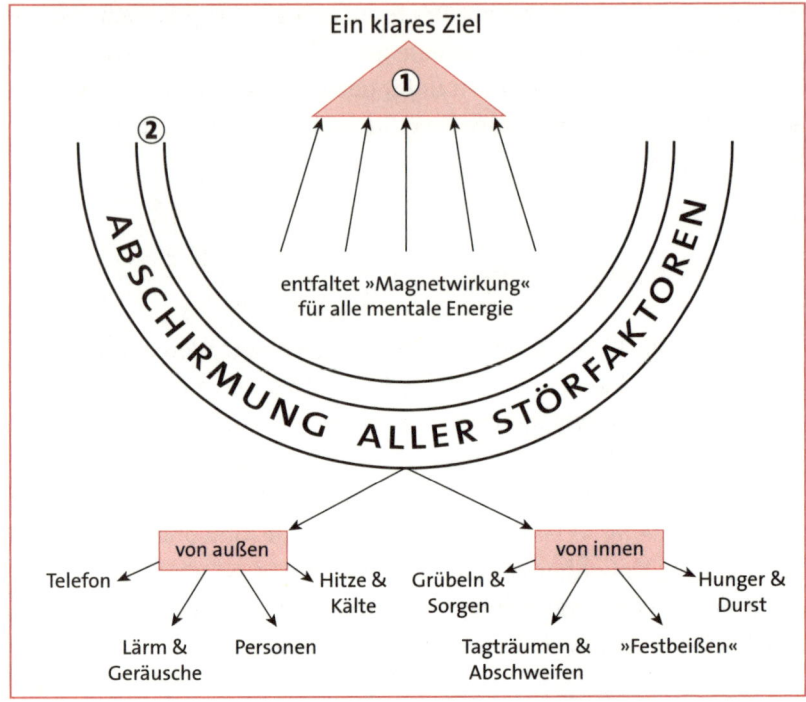

Mehr Konzentration durch ein klares Ziel und weniger Störfaktoren

Stellen Sie Störungen ab, denn sie sind im heutigen Berufsalltag das eigentliche Hindernis für konzentriertes Arbeiten. Wo früher Hauspost und das Gespräch mit den Kollegen das wenige Störpotenzial bildeten, strömen heute auf einer Fülle von Kanälen laufend neue Informationen auf uns ein. Seit die Technik es uns ermöglicht, dass jeder jedem zu jeder Zeit etwas mitteilen kann, wird davon auch umfassend Gebrauch gemacht. »Ununterbrochen unterbrochen« – so brachte es der Journalist Jürgen von Rutenberg in der Wochenzeitung *Die Zeit* auf den Punkt.

»Ununterbrochen unterbrochen«

Die Arbeits- und Computerwissenschaftlerin Gloria Mark von der University of California hat untersucht, wie viel Arbeitszeit uns eigentlich übrig bleibt, wenn wir regelmäßig unterbrochen werden:

- *11 Minuten* – so lange kann sich ein durchschnittlicher Schreibtischarbeiter einer Aufgabe widmen, dann wird er unterbrochen.
- *25 Minuten* – so lange dauert es, bis man nach einer Unterbrechung wieder zu seiner ursprünglichen Aufgabe zurückgekehrt ist. Das kommt Ihnen etwas zu lang vor? In der Tat, das ist lang. Mark hat aber auch herausgefunden, dass man sich nach jeder Unterbrechung durchschnittlich erst einmal zwei anderen Aufgaben zuwendet, bevor man wieder zur ursprünglichen Tätigkeit zurückkehrt. Da sind 25 Minuten dann eigentlich gar nicht mehr so viel Zeit.
- *8 Minuten* – zurück zum Hauptmenü, also zur ursprünglichen Tätigkeit. Bis man da wieder richtig drin ist, braucht es durchschnittlich 8 Minuten. Kein Wunder, hat man doch inzwischen eine ganze Menge andere interessante Dinge erlebt.
- *3 Minuten* – das ist die effektive Arbeitszeit, die bis zur nächsten Unterbrechung verbleibt. Vorausgesetzt, die nächste Unterbrechung hält sich an den statistischen 11-Minuten-Rhythmus. Das ist, offen gesagt, eher unwahrscheinlich, denn in der realen Arbeitswelt prasseln Unterbrechungen eher unbeeindruckt von statistischen Mittelwerten auf uns ein.

Diese Arbeitsweise kostet nicht nur viel Zeit, sondern auch viel Geld. 588 Milliarden Dollar soll die amerikanische Volkswirtschaft jährlich deswegen verlieren.

Auf die Stress-Bremse treten – das ist allerdings oft gar nicht so leicht. Vielen Berufen haftet quasi von Natur aus ein hohes Stresspotenzial an – denken Sie nur an Hebammen, Notärzte, Fluglotsen oder Sportreporter. Und auch die zahllosen Angestellten, die den Job von zweien oder dreien erledigen, leiden darunter. Stress tritt auf, wenn die Anforderungen hoch sind und man sich persönlich überfordert fühlt. Die Weltgesundheitsorganisation WHO schrieb dazu im Jahr 2000: »Stress, bedingt durch unrealistische Arbeitsanforderungen, ... ist die Hauptursache psychischer Störungen.« Stress versetzt den Körper in Alarmbereitschaft, unter anderem wird das Hormon Adrenalin ausgeschüttet. Im Normalfall wird dieses Adrenalin nach Abflauen der stressauslösenden Faktoren wieder abgebaut. Problematisch wird es, wenn diese Ruhepausen fehlen: Dann gewöhnt sich der Körper mit der Zeit daran und erklärt die ständige Alarmbereitschaft (also: den dauerhaft erhöhten Adrenalinspiegel) zum Normalzustand. Doch das Stresssystem des Menschen ist nicht auf Dauerbetrieb ausgelegt. Als gefährlich und schädlich wird dauerhafter Stress vor allem wegen des erhöhten Adrenalin-Spiegels angesehen, denn er führt zu den typischen Stresskrankheiten wie Herz- oder Magenproblemen. Effektives Stressmanagement setzt damit an der Senkung dieses Adrenalin-Spiegels an.

Weg mit dem Stress

Eine bewährte Anti-Stress-Strategie baut auf dem Dreiklang »Verhindern – Verbrennen – Verdünnen« auf:

♦ *Stress verhindern* durch eine genaue Analyse der Stressauslöser: Das können Situationen, aber auch Personen sein. Mit gezielten Maßnahmen lassen sich diese Faktoren zumindest teilweise vermeiden (»entrümpeln«). Zu den wichtigsten gehören
  – ein effektives Zeitmanagement,

- der Abschied vom Perfektionismus,
- Grenzen setzen.

Das aufzuschreiben ist leicht, es umzusetzen schwer. Wenn Sie also mit den Übungen, die Sie in den einschlägigen Ratgebern zu diesen Themen finden, nicht weiterkommen – gönnen Sie sich Hilfe vom Profi. Dazu ab Seite 99 mehr.

♦ *Stress verbrennen* durch körperliche Aktivität. Beim Joggen, im Fitnessclub, beim Tennis – oder wenn Sie sieben Stockwerke zu Ihrem Büro durchs Treppenhaus stürmen, die Strecke vom Firmenparkplatz zum Pförtner im Schnellgeher-Modus überwinden oder zwischendurch Ihren Kugelschreiber in der Faust komprimieren – bei jeder sportlichen Bewegung »verbraten« Sie Stresshormone und sorgen dafür, dass der Stresspegel wieder ein bisschen sinkt.

Das ändert zwar noch nichts an der beruflichen Überforderungssituation, kuriert also nicht die Ursachen, kann aber immerhin die Symptome lindern. Denn der aufgestaute Ärger ist hinterher etwas harmloser, Sie können wieder klarer denken und sehen vielleicht einen Lösungsweg, der Ihnen vorher verborgen war. Unter Präventionsgesichtspunkten ist körperliche Aktivität allemal zu empfehlen, denn neben allen sonstigen gesundheitsfördernden Wirkungen halten Sie damit auch den Grundpegel der Stresshormone niedrig – und können auf diese Weise vorübergehenden Überforderungssituationen besser entgegentreten.

♦ *Stress verdünnen* durch Aktivierung des körpereigenen Belohnungssystems, also durch Tätigkeiten, die Opioide freisetzen. Damit kompensieren Sie Stresshormone. Im Job schaffen Sie das, indem Sie sich Aufgaben stellen, durch die

Sie sich herausgefordert (das heißt, nicht überfordert und nicht unterfordert) fühlen. Wie im Abschnitt *Flow macht froh* (S. 80) beschrieben, stellt sich Ihr Gehirn darauf ein, dass Sie die Aufgabe lösen können, und schüttet voller Vorfreude Dopamin aus – und wenn Sie die ersten Teilerfolge erzielen, feuert es Opioide hinterher. So fühlt sich Glück an.

Konkret heißt das: Entrümpeln Sie nach Möglichkeit Aufgaben, die zu leicht für Sie sind – vor allem, wenn Sie mit sehr viel Kleinkram dieser Art zu tun haben. Ein paar »leichte Sortiertätigkeiten« pro Tag mögen ja ganz gut sein, um zu regenerieren, aber zu viele davon machen mürbe. Das Gleiche gilt für Aufgaben, die Sie als zu schwer oder als zu belastend empfinden – sei es nun psychisch oder physisch.

Sprechen Sie mit Ihrem Chef über Ihre Belastung, und versuchen Sie, gemeinsam eine Lösung zu finden, mit der möglichst alle Beteiligten gut leben können. Es geht nicht darum, dass Sie sich fortan »einen Lenz machen« oder in die Rolle der empfindsamen Mimose rutschen. Bleiben Sie konstruktiv, übernehmen Sie Verantwortung – aber versuchen Sie dabei, das richtige Maß für sich zu finden.

Oft ist das gar nicht so leicht. Wahrscheinlich kennen auch Sie etliche Führungskräfte, die sich gerne hinter ihren Schreibtischburgen verschanzen? Chefs, mit denen Sie selten persönlich sprechen, und von denen Sie bestenfalls E-Mails mit knappen Befehlen oder kurzen Antworten (»i. O.«) bekommen?

In vielen Unternehmen wird zwischen den Hierarchieebenen wenig geredet, was sich auf die Arbeitslaune nicht gerade positiv auswirkt. Nach Ansicht der Psychologin Anne Katrin Matyssek, die als eine der Ersten einen Zusammenhang zwischen dem Verhalten der Chefs und dem Stressempfinden der Mitarbeiter herstellte, sollten Führungskräfte vor allem die Diskussion über Arbeitsbedingungen anstoßen und Mitarbeiter zu Rückmeldungen veranlassen. Fehlen irgendwo Werkzeuge oder Computer? Verwirren widersprüchliche Arbeitsanweisungen, unklare Informationswege oder Zuständigkeiten – oder ist alles klar? Diese Faktoren sind es, die einen Job gut machen. Zwar löst ihr Vorhandensein noch nicht automatisch Motivation aus, aber ihr Fehlen ist mit hoher Wahrscheinlichkeit eine Ursache für mangelnde Arbeitszufriedenheit.

Nur: Über solche Alltagssorgen machen sich Führungskräfte oft keine Gedanken, und Mitarbeiter gehen häufig davon aus, dass der Chef mit »so etwas« nicht mehr belästigt werden sollte und will. Damit Flow aber mit möglichst geringen Reibungsverlusten entstehen kann, ist es wichtig, für die richtigen Arbeitsbedingungen zu sorgen, und dabei auch auf die Details zu schauen. Als Führungskraft können Sie also eine Menge dafür tun, dass Ihre Mitarbeiter von produktivem Flow-Gefühl erfasst und mitgerissen werden. Was aber tun, wenn Sie ein »kleiner Angestellter« sind? Dann können Sie zwar nicht an den großen Schrauben im Unternehmen drehen – aber Ihre eigene Perspektive auf die Dinge ändern.

Die Ansprüche an sich selbst zurückzunehmen und dabei die Karriere ein wenig aus dem Blick zu verlieren, kann sehr förderlich für die Arbeitszufriedenheit sein – auch wenn das unserem anerzogenen und tief eingeimpften Leistungsdenken widersprechen mag.

Das mag für manchen zunächst einmal ein Imageproblem mit sich bringen: Es scheint nicht so recht den Vorstellungen unserer Umwelt zu entsprechen, vom Karrieredenken (zumindest temporär) abzulassen, den Schwerpunkt zu verlagern und Zeit, die für den vordergründig doch so erstrebenswerten Aufstieg wichtig wäre, anderweitig zu verplanen. Und doch entspricht diese Form der Karriereplanung in kleinen Schritten vielleicht viel mehr den Anforderungen der Zukunft als das Modell Senkrechtstarter. Wer schnell aufsteigt, verdient schnell mehr Geld, erlangt schnell Prestige und Ansehen (manifestiert in der nächsten Dienstwagenklasse) – entfernt sich aber möglicherweise auch sehr schnell von den Aufgaben, die ihm eigentlich Spaß machen. Denn mit dem Aufstieg ist häufig ein Mehr an administrativen Aufgaben verbunden, während das kreative Arbeiten, bei dem man tatsächlich am Ende ein handfestes Ergebnis sieht, das zu neuen Taten anspornt, häufig zurücktreten muss.

»Leichter machen« kann also konkret bedeuten, Plateauphasen in der eigenen Karriereplanung einzuplanen, bewusst auf einen Karriereschritt zu verzichten, möglicherweise sogar einen Schritt zurückzugehen. Das mag finanziell Nachteile mit sich bringen, und möglicherweise ist unser Ego damit ganz und gar nicht einverstanden. Aber vor die Wahl gestellt, die nächsten zehn oder 20 Jahre hochgradig gestresst und unzufrieden weiterzumachen oder eben mit etwas weniger auf dem Konto und ein paar Abstrichen beim Prestige dauerhaften Spaß an der Arbeit zu haben, fällt die Entscheidung möglicherweise nicht mehr ganz so schwer.

So scheint diese »langsame« Form der Karriereplanung, in der wir verstärkt darauf achten, mit den eigenen Arbeitsressourcen verantwortungsvoll umzugehen und für dauerhafte Zufriedenheit bei der Arbeit zu sorgen, nachhaltiger und allemal gesünder zu sein, als die Strohfeuervariante. Vielleicht ist das in Zeiten, in denen von Verlängerung der Lebensarbeitszeit, von dauerhaftem Lernen und Veränderungsbereitschaft im gesamten Arbeitsleben gesprochen wird, nicht der schlechteste Weg.

Es muss ja auch nicht gleich der dauerhafte Verzicht sein. Eine etwas weniger karriereschädliche Form der temporären Arbeitserleichterung ist zum Beispiel eine *Reduktion der Arbeitszeit* auf 80 Prozent oder eine *Auszeit auf Zeit.* Viele Unternehmen haben Arbeitszeitmodelle, in denen diese – auch Sabbatical genannten – arbeitsfreien Phasen von zumeist drei oder sechs Monaten einigermaßen mühelos eingepasst werden können. Häufig wird eine solche Phase zur Weiterbildung oder für einen Auslandsaufenthalt genutzt – das ist aus Unternehmenssicht sinnvoll, lässt allerdings den Erholungscharakter dieser Zeit schon wieder etwas in den Hintergrund treten. Auch wenn diese Phase nicht unbedingt zu einer Dauerfreizeit werden muss: Wenn das Ziel ist, etwas aus der Tretmühle des Jobs herauszukommen, psychischer und physischer Erschöpfung entgegenzuwirken, dann ist es zweifelsfrei sinnvoller, diese Zeit von berufsbezogenen Projekten weitgehend freizuhalten.

Eine komplette Kurskorrektur kann dann angebracht sein, wenn die Erkenntnis reift, dass mit weniger Arbeitszeit oder Auszeiten nur an den Symptomen gearbeitet wird, aber die eigentliche Ursache unangetastet bleibt. Ziel eines solchen Kurswechsels könnte sein, das erworbene Wissen, die Berufserfahrung und die Kreativität in einem anderen Umfeld sinnvoller und vor allem gewinnbringender für die eigene Arbeitszufriedenheit einzusetzen. Das kann innerhalb des vorhandenen Arbeitsumfeldes sein, wenn es gelingt, die Stelle den eigenen Interessen und Fähigkeiten anzupassen. Das kann aber auch einen Wechsel innerhalb des Unternehmens oder sogar einen Arbeitgeberwechsel bedeuten. Das eröffnet Chancen, aber auch Risiken, und letztlich wird jeder für sich selbst entscheiden müssen, ob diese Risiken durch die Aussicht auf ein Mehr an Arbeitszufriedenheit aufgewogen werden.

Allerdings: Etwas mehr als ein reiner Tapetenwechsel sollte die Veränderung schon mit sich bringen. Anders gesagt: Wenn Sie bei gleichem Stellenprofil nur den Arbeitgeber wechseln, dann kann es gut sein, dass Sie in den ersten Wochen hoch motiviert und sehr zufrieden bei der Sache sind – und nach ein paar Monaten erkennen, dass wohlbekannte Probleme auftauchen, zwar in neuer Verkleidung, aber mit altbekannten Folgen. Wer als angestellter Arzt in einer Uniklinik dem Wissenschaftsbetrieb und dem streng hierarchiegeprägten Umgang entfliehen will und an ein Kreiskrankenhaus wechselt, wird möglicherweise feststellen müssen, dass es auch dort karrierebewusste Chefärzte gibt – und die häufigen Notfalldienste ebenso überfordern und an den Nerven zehren wie die eine oder andere Intrige an der Uni. Wer aber zum Beispiel den Job als Chemiker in einem Großkonzern gegen eine Beschäftigung bei einer Umweltschutzorganisation austauscht, wechselt nicht nur einfach den Arbeitgeber, sondern reichert seinen Beruf möglicherweise auch um einen erheblichen Sinn- und Kreativitätsfaktor an.

Der Wechsel des Arbeitsplatzes geht oft genug mit einer Ortsveränderung einher. Da kann es überlegenswert sein, diese Ortsveränderung ganz bewusst zum Teil einer Arbeitszufriedenheits-Strategie zu machen. Leben und Arbeiten in Ballungszentren mag Vorteile mit sich bringen – die aber oft erkauft werden mit langen und nervenden An- und Abfahrtszeiten durch dichten Verkehr, Lärm, schlechte Luft, hohe Mieten und ebensolche Lebenshaltungskosten. Ist ein Arbeitsplatz im gewünschten Beruf auch im ländlichen Raum zu haben, dann ist es vielleicht eine Überlegung wert, die Vorteile eines etwas ruhigeren und entspannteren Lebens in der Kleinstadt oder auf dem Land den Problemen, die Ballungszentren mit sich bringen, vorzuziehen.

Umgekehrt: Wenn Sie die kurzen Wege und zahlreichen Kinderbetreuungsangebote einer größeren Stadt brauchen, um Job und Nachwuchs unter einen Hut zu packen, kann auch ein Zurück-in-die-City die richtige Lösung für Sie sein. Wie auch immer Sie sich entscheiden: Bedenken Sie, dass auch Ihr Wohnort und die damit verbundenen Rahmenbedingungen erheblich zu Ihrer Arbeitszufriedenheit beitragen.

Machen Sie Ihren Job interessant

Langeweile im Beruf führt nicht zur überarbeitungsbedingten Stressreaktion. Aber die Symptome und Auswirkungen der Langeweile sind auf Dauer denen der Überarbeitung ganz ähnlich: Auch Langeweile kann Stress erzeugen. Auch hier gilt es gegenzusteuern, und die Steuerungsmechanismen sind damit letztlich auch Anti-Stress-Strategien: So, wie sich beinahe jeder Job leichter machen lässt, so kann man ihn auch interessanter gestalten.

Das ist lebenswichtig: Dauerhafte Motivation, dauerhafter Spaß an der Arbeit funktioniert nur mit neuen Herausforderungen. Unser Gehirn verspürt dann etwas, was der Neurobiologe Gerald Hüther als »emotionale Erregung« definiert.

Um diese Erregung wieder zu beruhigen, beginnt das Gehirn nach Lösungen zu suchen – hat es eine gefunden, sorgen die bekannten

Opioide für ausreichend Belohnung. Dieser stark vereinfacht dargestellte Mechanismus ist dafür verantwortlich, dass der Mensch lernt. Er sorgt aber auch dafür, dass er bis ins hohe Alter geistig beweglich, neugierig und kreativ bleiben kann – wenn er ausreichend neue Anreize vor sich sieht.

Mehr Aufgaben: Das lässt sich oft recht leicht einrichten, zumal in vielen Unternehmen Mitarbeiter eher unter zu viel Arbeit leiden als unter zu wenig. Vielleicht können Sie gezielte Vorschläge zur Neuorganisation der Abteilung unterbreiten? Hier ist allerdings Fingerspitzengefühl gefragt, damit sich Ihre Kollegen nicht auf den Schlips getreten fühlen. Sprechen Sie zuerst mit Ihrem Chef, besprechen Sie Ihr Anliegen im Team – und versuchen Sie gemeinsam, eine Lösung zu finden. Es muss ja nicht gleich eine Lösung für »alle Ewigkeit« sein. Sie können auch testweise einen neuen Aufgabenbereich übernehmen (zum Beispiel für zwei Monate), um herauszufinden, wie Sie damit klarkommen.

Ihre persönlichen Interessen sollten Sie in den Mittelpunkt Ihrer Überlegungen stellen. Wenn Sie also zum Beispiel Spaß am Umgang mit Zahlen haben, Ihr bisheriges Aufgabenfeld als Controller aber zu wenig Raum für Ihr eigentliches Interesse, nämlich kreative Betätigung zulässt, könnten Sie vielleicht zusätzlich konzeptionell geprägte Aufgaben übernehmen, in denen Sie strategische Konzepte und Analysen erstellen.

Geht das nicht, bleibt Ihnen immer noch die Möglichkeit, sich in einem Thema *fortzubilden*, das Sie brennend interessiert. Hier lernen Sie nicht nur Neues, sondern lernen auch andere Teilnehmer kennen, die Ihre Interessen teilen. Solche Kontakte helfen Ihnen dabei, sich mit den richtigen Stellen im Unternehmen oder in Ihrer Branche zu vernetzen. Und wer weiß? Vielleicht ergibt sich daraus langfristig für Sie ein interessanterer Job.

Die innere Einstellung zur ausgeübten Tätigkeit ändern: Wenn sich gar nichts an den Rahmenbedingungen ändern lässt, dann geht immer-

hin noch dies. »Deinen Sinn musst du ändern, nicht den Himmels-
strich«, wusste schon der römische Philosoph Seneca, und formulierte
damit eine ziemlich anspruchsvolle Aufgabe.

Beispiel Kassierer(in) im Discounter: Eine eintönige Tätigkeit mit
ständig gleichen Abläufen (»Haben Sie eine Kundenkarte? 17 Euro 32!«),
genervte, gehetzte und patzige Kunden, quengelnde Kinder, Berge
von Waren, die innerhalb kurzer Zeit bewegt werden sollen (einige
Hundert Kilo am Tag), die Filialleitung im Nacken, und jeder Kassen-
fehlbestand wird mit Abzug vom Lohn bestraft – kein Traumjob, und
man weiß nicht so recht, ob das Problem eher in der Überforderung
durch familienunfreundliche Arbeitszeiten, niedrige Löhne, Zeitdruck
und mangelnde Fehlertoleranz oder in der Unterforderung durch die
ewig gleichen Arbeitsabläufe liegt.

Und dennoch: Seit dem Bestseller *Die Leiden einer jungen Kassiererin*
der Französin Anna Sam weiß man: Die Kasse im Supermarkt kann der
passende und interessante Ort für Feldforschung am Mitmenschen,
in diesem Fall: am Kunden sein. Und es gibt Strategien, diesen eintöni-
gen Job interessanter zu machen: Maßgeblich ist die Einstellung, mit
der man Tag für Tag an der Kasse arbeitet. So berichtet zum Beispiel
eine Kassiererin aus Berlin, sie habe sich zur Aufgabe gemacht, jeden
Kunden, der mehr als einmal kam, mit Namen anzusprechen – da die
meisten mit EC-Karte bezahlen, konnte sie sich die Namen leicht ein-
prägen. Und eine Kollegin aus München, die schon mehr als 30 Jahre
an der Kasse sitzt, sieht ihre eigentliche Aufgabe weniger im Kassieren
denn in ihrer Funktion als feste Bezugsperson für viele Kunden: »Ein
bisschen ist man schon Psychologin an der Kasse.«

Dieser Aspekt der Einstellungsänderung spielt natürlich auch beim
»Leichtermachen« eine gewisse Rolle, vor allem dann, wenn man zeitweise oder dauerhaft die Anforderungen etwas herunterschraubt
und sich dabei mit weniger Geld oder Image zufriedengibt. Besonders
relevant aber ist dieser Punkt bei den Berufen, die – wie auf den ersten
Blick der eines Mitarbeiters an der Kasse – objektive Grenzen zu haben
scheinen, die dauerhaft nur mit der subjektiven Maßnahme der Einstellungsänderung überwindbar sind.

Für einen kleinen und manchmal zeitraubenden Teilaspekt meines Berufes als Autor habe ich selbst eine solche Strategie entwickelt: Immer wieder werde ich gebeten, große Mengen von Büchern zu signieren, manchmal 400 oder 500 Stück. Da es mit der Zeit keine allzu große Herausforderung mehr darstellt, seinen Namen zu schreiben, habe ich mir ein anderes Ziel gesetzt: pro Minute eine möglichst hohe Stückzahl schaffen und dabei noch immer eine leserliche Unterschrift liefern. Das stellt nur eine minimale Verschiebung in der Aufgabenstellung dar, macht diese eintönige Angelegenheit aber Minute für Minute interessant – eine Sache der Einstellung eben.

Gönnen Sie sich Hilfe vom Profi

Vielleicht kennen Sie solche Situationen: Ihr Hauptkunde kündigt sich überraschend zu einer Besprechung an, ein wichtiges Projekt muss am gleichen Abend abgegeben werden, Ihre Kinder haben die Grippe, die Babysitterin steckt im Examen, und dann läuft die Waschmaschine aus. Je nach Naturell sind Sie in diesem Augenblick froh, dass wenigstens das Auto noch funktioniert, oder aber Sie zerdeppern Omas beste Teller.

Weil derlei Szenarien nicht einmal übertrieben sind und viele Menschen durch die Last ihrer beruflichen und privaten Aufgaben mehr oder weniger knapp vor dem Untergang stehen, werfen immer mehr Unternehmen aus freien Stücken Rettungsringe aus. Damit wollen sie verhindern, dass stark geforderte Mitarbeiter pausenlos unausgeschlafen, unzufrieden und nur wenig leistungsfähig durch das Unternehmen wanken. Was bisher ein Fall für den Betriebsarzt oder den Betriebsrat war, wird jetzt zur Aufgabe für externe Dienstleister wie zum Beispiel die *pme Familienservice GmbH*, Berlin.

Die Idee dahinter: Wenn man schon den Job nicht exakt auf die Bedürfnisse und Fähigkeiten des Mitarbeiters zuschneiden kann, so kann man wenigstens versuchen, den Mitarbeiter so umfangreich wie möglich bei der Lösung seiner Probleme zu unterstützen. Je weniger er sich mit Alltagssorgen herumschlagen muss, um so eher kann er konzentriert und kreativ seiner Arbeit nachgehen – Voraussetzungen für Arbeitszufriedenheit und gute Leistungen.

Ein weiterer Vorteil: Die Verlagerung auf externe Berater senkt die Hemmschwelle für die Inanspruchnahme dieses Angebotes. Je nach Arrangement mit dem Dienstleister erhält das Unternehmen am Jahresende nur einen anonymisierten Bericht, der Fallzahlen und allgemein die Probleme der Mitarbeiter aufführt. Kein Arbeitnehmer muss also befürchten, dass »sein Fall« dem Arbeitgeber bekannt wird – und sich damit auch keine Sorgen machen, was der Chef wohl denken wird.

Leichter machen, die Anforderungen herunterschrauben, das kann eben auch bedeuten, sich Hilfe zu holen. Sicherlich ist das dargestellte »Employee Assistance«-Programm die ideale Lösung. Aber Sie können sich auch selbst ein Unterstützungssystem aufbauen.

Immer in Reichweite: Rettungsringe

Organisieren Sie sich Hilfe im Familien-, Freundes- oder Kollegenkreis. Idealerweise entwickeln Sie bereits vorsorglich derartige Hilfskonstruktionen: In vielen Unternehmen bestehen umfangreiche Vertretungspläne – solche »Pläne« lassen sich auch auf den privaten Bereich ausdehnen, was besonders dann sinnvoll ist, wenn Sie Kinder haben. Auf diese Weise sichern Sie sich einen freien Kopf für die Herausforderungen Ihres Jobs – langfristig steigert diese Form des Stressmanagements Ihre Arbeitszufriedenheit.

Betreuung von Kindern oder älteren Angehörigen

Bauen Sie sich einen ganzen Pool an Vertrauenspersonen auf, die im Notfall einspringen können: Das können Familienangehörige sein oder Freunde in ähnlicher Situation, mit denen Sie sich zusammenschließen oder abwechseln können. Sehr hilfreich sind auch externe Dienstleister oder Babysitter, die regelmäßig kommen – am besten arbeiten Sie mit mehreren, falls einer mal ausfällt.

Haus und Garten in Schuss halten

Auch das muss niemand allein stemmen. Bilden Sie Hilfsgemeinschaften oder heuern Sie professionelle Helfer an. Insbesondere für Wäsche gibt es mittlerweile viele intelligente Lösungen: www.cleenbox.de zum Beispiel ist ein bundesweiter Reinigungsdienst mit Hol- und Bringservice. Kunden packen ihre Schmutzwäsche in eine Box, ein Paketdienst holt die vorfrankierte Box ab und bringt die Wäsche sauber und gebügelt wieder zurück.

Mit dem Druck klarkommen

Manchmal hakt es überall gleichzeitig: Im Job brennen Projekte an, im Team herrscht dicke Luft, gleichzeitig läuft die Beziehung nicht rund, die Kinder nerven, die Schwiegermutter mischt sich überall ein und die Bandscheibe klemmt. So viel auf einmal muss es gar nicht sein, oft ist auch weniger schon mehr als genug. Gönnen Sie sich einen Coach oder einen Therapeuten, wenn Ihnen alles über den Kopf wächst. Das braucht gar keine aufwändige Psychoanalyse zu sein – oft wirken ein paar Gespräche mit einem Profi, der Ihnen hilft, einen anderen Blick auf Ihre Situation zu werfen, schon Wunder. Hören Sie sich im Bekanntenkreis nach Empfehlungen um – und versuchen Sie es einfach mal.

Fragen zum Selbstcoaching

1. Wie finden Sie Ihren Job: Fühlen Sie sich unterfordert, ist der Job zu stressig – oder für Sie gerade richtig? Aus welchen Gründen?

2. Haben Sie in Ihrem Beruf Flow-Erlebnisse? Wenn ja: Wie fühlen Sie sich in derartigen Situationen? Wann treten sie auf? Wie könnten Sie mehr davon erleben? Wenn nein: Kennen Sie Flow aus Ihrem Privatleben? Haben Sie eine Idee, wie Sie Flow in Ihren Job bringen könnten?

3. Haben Sie den Eindruck, Ihr Job könnte interessanter sein? Welche konkreten Möglichkeiten sehen Sie, Ihren Job mit Ihren eigentlichen Interessen zu verbinden?

4. Gibt es in Ihrem Job viele anstrengende Momente und stressige Faktoren, die Sie als Belastung empfinden? Wie könnten Sie diese ausschalten oder zumindest eindämmen?

_____

_____

_____

5. Haben Sie eine eher negative innere Einstellung zu Ihrem Job? Wäre es möglich, die Perspektive auf Ihren Job so zu verändern, dass Sie sich in Ihrem Beruf wieder wohler fühlen?

_____

_____

_____

_____

Extra-Coaching für Führungskräfte

1. Wie häufig in der Woche sprechen Sie mit jedem Ihrer Mitarbeiter auf Augenhöhe? Wie oft stehen dabei die konkreten Arbeitsbedingungen und die damit zusammenhängende Arbeitszufriedenheit auf der Agenda?

_____

_____

_____

2. Stellen Sie Ihre Mitarbeiter regelmäßig vor neue Herausforderungen, die sie fordern, aber nicht über- oder unterfordern?

_____

_____

_____

_____

3. Wie groß ist der Freiraum Ihrer Mitarbeiter? Wie nutzen diese ihre Freiräume aus? Wie gehen Sie mit Fehlern um, die innerhalb der Freiräume auftreten?

_____

_____

_____

_____

4. Wie kontrollieren Sie Ihre Mitarbeiter? Wie gelingt es Ihnen, den Überblick über deren Arbeitsfortschritte zu behalten, ohne sie zu gängeln, und ohne Misstrauen und Demotivation aufkommen zu lassen?

_____

_____

_____

_____

5. Kommunizieren Sie die Ziele und damit verbunden die Teilerfolge und Erfolge Ihrer Mitarbeiter regelmäßig und deutlich?

_____

_____

_____

_____

Viertes Lügenmärchen

»Ob mein Job einen Sinn hat, ist doch egal«

Arbeit ist eines der besten Mittel gegen Depressionen.

J üngst war ich auf der Durchreise im schönen Wien, wo ich mich in einem Kaffeehause von den Strapazen einer langen Fahrt erholte. Hier begegnete ich einer merkwürdigen Dame, ich kann nicht sagen, wie alt sie gewesen sein mag – 20 oder 50 Lenze? Sie war korrekt gewandet und schaute immerfort auf ihre Armbanduhr. »Sind Sie sehr in Eile? Oder erwarten Sie sehnsüchtig einen Besuch?«, fragte ich vorsichtig. »Nein, werter Herr«, antwortete die Dame. »Ich schaue auf die Uhr, um zu beobachten, wie die Zeit vergeht.« »Das ist aber eine ungewöhnliche Beschäftigung«, wagte ich zu bemerken. »Ja, das mag sein«, antwortete sie verlegen. »Ich habe mir dies angewöhnt, seit ich eine neue Position bekleide.« »Welchem Berufe gehen Sie denn nach, wenn ich fragen darf?« »Ich prüfe täglich Adress-Programme für die Rechner der Firma«, erklärte die Dame beflissen. »Es sind dies Programme, die Namen und Anschriften wie von Zauberhand in Briefe hineinkopieren und dabei wissen, wie zum Beispiel ein Kardinal angesprochen werden muss. »Hoch-würdigste Eminenz«. Oder ein Baron: »Sehr geehrter Freiherr von...«. Das ist sehr hilfreich. Oder würden Sie diese Anreden auswendig wissen?« »Nun, diese sind mir wohl geläufig«, entgegnete ich schmunzelnd. »Führt denn Ihr Unternehmen viel Korrespondenz mit dem Adelsstande?« »Nein, durchaus nicht«, erklärte die Dame. »Und im Grunde schreibt auch keines unserer Kontore überhaupt Briefe, werden doch die Geschäfte persönlich besprochen.« »Sie prüfen also Programme, die niemand benötigt?«, fragte ich staunend. »So ist es«, sagte die Dame. »Mein Herr wünscht es so. Und ich erledige dies mit größter Sorgfalt.« Dann schaute sie auf die Uhr und nippte an ihrem tiefschwarzen Kaffee, der unterdessen erkaltet war.

»Erst kommt das Fressen, dann kommt die Moral«

»Was ich tu, ist doch wurscht« – das ist eine weitverbreitete Haltung. Nahezu 90 Prozent der bundesdeutschen Arbeitnehmer scheinen

sich schwer damit zu tun, im Beruf mehr zu sehen als nur einen Brot-
erwerb. Laut Gallup Engagement Index 2008 schieben 67 Prozent
der Arbeitnehmer in Deutschland Dienst nach Vorschrift, 20 Prozent
haben bereits die innere Kündigung vollzogen – und nur 13 Prozent der
Befragten arbeiten engagiert und motiviert.

Gleichzeitig aber finden es neun von zehn Arbeitnehmern wichtig,
ihren Job als sinnvoll zu erleben. Dies bestätigt eine Erhebung des
Meinungsforschungsinstituts GRP im Auftrag der Berufsgenossen-
schaft für Gesundheitsdienst und Wohlfahrtspflege (2002). Ein Ergebnis, das sich mit den Erkenntnissen des großen Wiener Psychologen
und Neurologen Viktor Frankl (1905–1997) deckt, dessen Forschungen
unser *existenzielles Bedürfnis nach Sinn im Leben und in der Arbeit* zum
Thema hatten. Frankl war überzeugt: Das Sinnbedürfnis ist das tiefste
aller menschlichen Bedürfnisse.

Heute liegt es freilich oft *so* tief, dass es als verschüttet bezeichnet
werden kann: »Sinn hin oder her, erst muss alles andere stimmen«,
hört man häufig. »Wenn du genug Brot auf dem Tisch hast, kannst
du dir Gedanken über den Sinn machen.« Keine ganz neue Erkenntnis:
»Primum vivere, deinde philosophari«, sagten die alten Römer (sinn-
gemäß übersetzt: »Erst wenn man das Lebensnotwendige hat, kann
man anfangen zu philosophieren«), und im 20. Jahrhundert brachte
der Dichter Bert Brecht das Ganze mit den Worten »Erst kommt das
Fressen, dann kommt die Moral« auf den Punkt.

Das ist der wahre Kern dieses Lügenmärchens. Doch wenn Sie
jemals einer Diskussion auf der Wies'n (in München) oder an einer
Trinkhalle (in Frankfurt am Main) gelauscht haben, wissen Sie: Engagierte Werte-Debatten gibt es überall, sie werden nicht nur von den
»Oberen Zehntausend« geführt, sondern auch ganz unten – vielleicht
sogar mit noch mehr Leidenschaft. Denn die zentrale und wohl fun-
damentalste Frage für jeden von uns ist die Frage nach dem Sinn unseres Lebens.

Warum sinnfreie Arbeit nicht glücklich macht

Sicherlich haben Sie sich auch schon gelegentlich die Fragen gestellt: »Wofür bin ich hier?«, »Was ist meine Aufgabe?«, »Was will ich in meinem Leben bewirken?« Die großen Sinnfragen begegnen uns früher oder später, sie stellen sich uns immer wieder von Neuem, weil neue Lebensabschnitte neue Antworten erfordern. Und jedes Mal, wenn wir mit Sinnfragen zu tun haben, landen wir auch beim Thema Arbeit: »Wozu ist meine Arbeit gut?«

Die Antwort ist oft gar nicht so leicht zu finden. Wozu ist es schließlich gut, Daten zu sortieren, die niemand braucht, Produktfotos für Reklameblättchen anzufertigen, die ohnehin gleich im Altpapier landen, Pullover in Modegeschäften auf säuberliche Stapel zu schichten, die im nächsten Augenblick sowieso wieder umgerissen werden? Wo liegt der tiefere Sinn?

Alles absurd?

Vielleicht ist Ihnen das auch schon einmal passiert: Sie fahren am Morgen wie gewöhnlich zur Arbeit – aber plötzlich wissen Sie nicht mehr, wozu das alles gut ist, was Sie da tun: Wozu die Kostenstellen, der Termindruck, die Umlaufmappen, das ewig klingelnde Telefon? Warum nicht einfach heute etwas ganz anderes tun? Warum nicht spontan ans Meer fahren oder in die Berge?

»Das Absurde kann jeden beliebigen Menschen an jeder beliebigen Straßenecke anspringen«, hat der französische Philosoph Albert Camus (1913–1960) diese Erfahrung beschrieben. In seiner Philosophie muss der Mensch in einer völlig sinnlosen Welt klarkommen, er muss sich pausenlos anstrengen, ohne jemals zum Ziel zu kommen. Als Bild dafür hat Camus Sisyphos ausgewählt – dieser Held aus der griechischen Mythologie rollt mühsam einen Felsblock bergauf, wobei ihm der Stein jedes Mal kurz vor dem Ziel entgleitet, sodass er ihn erneut hinaufwuchten muss. Welche Arbeit könnte absurder sein?

Dennoch beschreibt Albert Camus seinen in der Arbeit gefangenen Helden als jemanden, der sein Schicksal annimmt, nicht verzweifelt und trotz aller Absurdität einfach immer weiter schafft: »Darin besteht die verborgene Freude des Sisyphos. Sein Schicksal gehört ihm. Sein Fels ist seine Sache. ... Der Kampf gegen Gipfel vermag ein Menschenherz auszufüllen. Wir müssen uns Sisyphos als einen glücklichen Menschen vorstellen.«

Klingt ja schön. Aber wer schafft es tatsächlich, eine solche innere Haltung einzunehmen und auf Dauer zu bewahren? In der realen Welt ist es wahrscheinlich eher so, dass wir uns eine ganze Weile lang mit einem absurden Job herumquälen, zunehmend weniger Lust haben, immer weniger leistungsfähig, vielleicht sogar zynisch werden – und irgendwann kündigen, falls uns nicht vorher gekündigt wird. Ein sinnloser Job ist für Otto Normalverdiener eben kaum zu ertragen.

Fakt ist: Der Sinn unserer Arbeit entscheidet darüber, wie sehr wir uns mit unserem Job identifizieren. Und dies wiederum entscheidet über unseren Erfolg, unsere Erfüllung und damit über die zentrale Frage der Produktivität eines Unternehmens. »Wo kein Sinn erkennbar ist, wird keine gute Leistung zu ernten sein«, diese Erfahrung hat sich immer und immer wieder bestätigt.

Mehr noch: Wenn wir keinen Sinn in der Sache sehen, arbeiten wir lieber gar nicht. Das musste ein ranghoher Manager erfahren, der eine für die meisten Mitarbeiter absolut sinnwidrige Maßnahme durchsetzen sollte. Er konnte die Belegschaft auf keinem erdenklichen Weg bewegen; nicht mit Lob, nicht mit Appellen, ja er konnte ihre Leistungsbereitschaft nicht einmal »kaufen«.

Keine Arbeit gibt auch keinen Sinn

Wie groß das Bedürfnis des Menschen nach einer sinnvollen Beschäftigung ist, zeigt sich am Phänomen der Arbeitslosigkeit. Objekt einer weltberühmten Studie wurde Anfang der 1930er Jahre ein kleines Dorf in Niederösterreich: Marienthal.

Im März 1929 schloss der einzige industrielle Arbeitgeber der Region, eine Textilfabrik, seine Tore und auf einen Schlag verloren fast alle Einwohner Arbeit und Einkommen. Der Ort wurde zum Paradebeispiel für den sozialen Absturz einer ganzen Gemeinde, die Bevölkerung wurde Opfer einer ausweglos erscheinenden wirtschaftlichen Misere und verfiel in Resignation und Apathie. Seitdem gilt Marienthal als Wegbereiter der Arbeitslosenforschung.

Heute, etwa 80 Jahre später, hat sich viel geändert: Erwerbslosigkeit ist nicht mehr zwangsläufig mit Armut oder sogar Hunger verbunden. Doch die psychosozialen Folgen sind bei den meisten immer noch: Unzufriedenheit, Depression, sinkendes Selbstwertgefühl und Resignation. Je länger die Arbeitslosigkeit, desto geringer das Selbstwertgefühl und umso lähmender die Resignation. Alle Forschungen dieses Phänomens haben ergeben: Das Hauptproblem der Arbeitslosen ist nicht in erster Linie das Geld, sondern die fehlende, das Leben strukturierende Aufgabe und das damit verbundene Gefühl der Nutzlosigkeit. *Arbeit befriedigt das tief verankerte menschliche Bedürfnis, sein Leben aktiv zu gestalten und etwas Sinnvolles zu tun.* Arbeitslosigkeit bewirkt das Gegenteil. »Arbeitslosigkeit bedeutet das Gefühl totaler Sinnlosigkeit«, so die Aussage einer langzeitarbeitslosen Buchhändlerin (wohl nur stellvertretend für Millionen von Arbeitslosen).

Umgekehrt führt die Wiederaufnahme einer Beschäftigung in der Regel schnell zu einer psychischen Erholung und Stabilisierung. Stimmung, Selbstwertgefühl und Lebenszufriedenheit steigen deutlich, sobald ein neuer Job gefunden ist. Und wenn dieser Job auch noch mit einem großen Maß an Sinn ausgestattet ist, geht es uns nicht nur gut, wir laufen auch leistungsmäßig zur Hochform auf.

Erfolgreiche Unternehmen stiften Sinn

Das hat sich natürlich auch bei den Arbeitgebern herumgesprochen. Immer mehr große und auch mittelständische Unternehmen schreiben sich Nachhaltigkeit auf die Fahnen oder engagieren sich für soziale Projekte. »Corporate Social Responsibility« (CSR) heißt die Welle, was schicker klingt als »verantwortungsvolles unternehmerisches Handeln« und die oftmals gar nicht so nachhaltigen und verantwortungsvollen Unternehmensziele ein wenig aus dem Fokus drängt. »Corporate Giving« und »Corporate Volunteering« stehen auch hoch im Kurs (und klingen vornehmer als »Spenden« und »betriebliches Freiwilligen-Engagement«.) Die Themen »soziale Verantwortung« und »Sinnstiftung« scheinen also in den Unternehmen angekommen zu sein.

Dafür gibt es unzählige Beispiele: Was hiesige Unternehmen tun, lässt sich unter *www.csrgermany.de* nachlesen, einer Info-Plattform der Bundesvereinigung der Deutschen Arbeitgeberverbände (BDA) und des Bundesverbands der Deutschen Industrie (BDI): So unterstützt zum Beispiel BASF die soziale Integration in Sportvereinen, und die Bayer AG engagiert sich für kranke und behinderte Kinder. Auch Mittelständler sind sehr aktiv: So hilft die Develey Senf und Feinkost GmbH lokalen Projekten, in denen Jugendliche Volleyball trainieren oder die Fußball-F-Jugend um neue Trikots kicken kann.

Was haben die Unternehmen davon? Ganz einfach: Gutes zu tun kommt ihnen selbst zugute: »Soziale Partizipation im Umfeld wirkt in das engagierte Unternehmen selbst hinein«, wissen Frank Maaß und Uschi Backes-Gellner vom Institut für Mittelstandsforschung (IfM), Bonn. Mitarbeiter empfänden es als »persönliche Wertschätzung«, bei sozialen Projekten mitarbeiten zu dürfen. In der Regel verbessern diese Aktivitäten auch die Arbeitsatmosphäre und erhöhen die Motivation der Mitarbeiter.

Denn Motivation entsteht bekanntlich weder durch Druck (»KITA«, im Klartext, pardon: Kick in The Ass) noch durch Belohnungen (vergleichbar mit der Karotte, die man einem lahmen Esel vor die Nase hängt) und Verbesserung der Arbeitsbedingungen, sondern wird in erster Linie durch den Sinn der Tätigkeit beeinflusst – sofern natürlich die Tätigkeit im Rahmen der eigenen Fähigkeiten herausfordernd ist. Motivation entspringt dem vollen »Ja« zu einer Aufgabe.

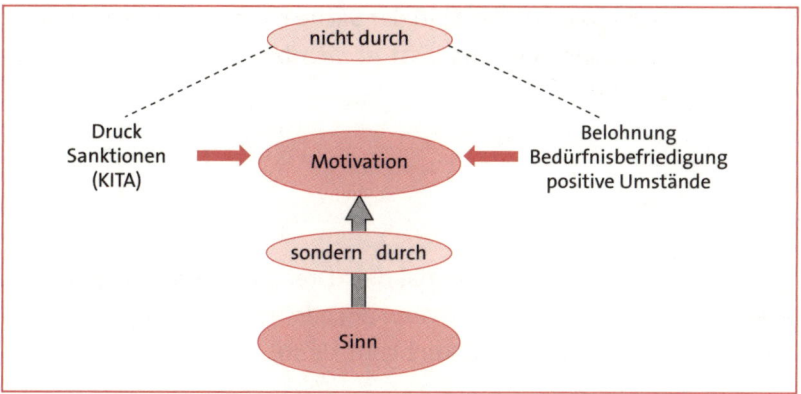

Sinn stiftet Motivation

Aus diesem Grund fördern und unterstützten viele Unternehmen auch das ehrenamtliche Engagement der Mitarbeiter, das außerhalb der Firma stattfindet, indem sie Telefon, Internet und Kopierer für ehrenamtliche Aufgaben zur Verfügung stellen.

»Corporate Social Responsibility« wirkt aber auch nach außen: Es poliert das Firmenimage auf und sorgt für eine Assoziation der Marke mit positiven Werten, es zieht Kunden und talentierte Nachwuchskräfte an. Denn wer sich ehrenamtlich engagiert, beweist meist eine hohe soziale Kompetenz, hat Verantwortungsbewusstsein und ist ein starker Teamplayer – Faktoren, die sich für ein Unternehmen mittelbar bezahlt machen.

Drei Gründe, im Job nach Sinn zu suchen

Wenn unsere Arbeit für uns Sinn ergibt, geht sie uns leicht von der Hand, weil wir motiviert sind. Sie stresst uns nicht im negativen Sinne, sondern hält uns fit. Und manchmal macht sie uns darüber hinaus noch reich. Es lohnt sich also für uns alle, in unseren Jobs nach Sinn zu suchen. Manchmal ist der Sinn der Sache nicht auf den ersten Blick zu erkennen – aber meistens lässt er sich bei genauer Betrachtung finden. Sehen Sie selbst:

Sinn motiviert

Vielleicht sind Ihnen schon einmal die »Drei Steinmetze« begegnet – eine Geschichte, die in Büchern rund um das Thema Management und Beruf häufig auftaucht. Ganz kurz geht sie so:

Drei Steinmetze sind bei der Arbeit. Der erste erklärt: »Ich klopfe Steine und verdiene damit meinen Lebensunterhalt.« Der zweite erklärt stolz: »Ich behaue ein Kapitell – und das kann ich wirklich gut.« Und der dritte sagt mit leuchtenden Augen: »Ich wirke hier mit an der Errichtung einer großen Kathedrale!«

Dreimal die gleiche Tätigkeit, aber drei völlig unterschiedliche Einstellungen dazu:

- ◆ Für den Ersten ist seine Arbeit lediglich eine Einnahmequelle: der Job als *bloßes Mittel, um Geld zu verdienen.*
- ◆ Der Zweite will Leistung bringen und einer der Besten sein: der Job als *Betätigungsfeld für den persönlichen Erfolg.*
- ◆ Der Dritte wird durch die Vision motiviert, an einer großen Sache mitzuwirken. Ihn bewegt der *Sinn seiner Arbeit als Beitrag zu etwas* »Größerem«, das über sein persönliches Leben hinausgeht.

Die »Moral von der Geschicht'« liegt auf der Hand: Der dritte Steinmetz, der einen größeren Sinn in seiner Arbeit sieht, wird am meisten Motivation mitbringen und seine Arbeit am besten tun. Heute freilich bauen nur noch wenige Menschen »heilige Hallen«, dafür gibt es umso mehr, die ihre Arbeit rund um das »heilig Blechle« tun – in der Autoindustrie. Übertragen auf die heutige Zeit klingt die Geschichte so (und sie ist in diesem Falle nicht einmal fiktiv):

»Wir entwickeln Navigationssysteme und Systeme für Staumeldun-
gen«, berichtet der Mitarbeiter eines High-Tech-Unternehmens. »Damit
kommen Menschen schneller und sicherer an ihren Bestimmungsort. In
den Staus auf deutschen Autobahnen werden Milliarden an volkswirt-
schaftlichen Schäden verursacht. Diese können wir deutlich verringern.
Wissen Sie, dieses System ist einfach mein Baby.« Die Bedingungen an
seinem Arbeitsplatz waren zwar in den letzten Jahren immer schwie-
riger geworden, Budgets schrumpften, der Druck stieg, Mitarbeiter
wurden entlassen und der Umgangston immer rauer. Doch das belas-
tete diesen Mitarbeiter nur wenig. Der Sinn seiner Arbeit erhielt seine
Motivation.

Sowohl dem glücklichen Steinmetzen als auch dem Systementwickler
ist etwas ganz Entscheidendes gelungen: Sie haben über den Zaun ihrer
kleinen Tätigkeit (die, für sich genommen, vielleicht sogar absurd erscheinen mag) hinausgeschaut auf das große Ganze. Sie sind – zumindest in
ihrer Vorstellung – aus der Arbeitsteilung ausgestiegen. Führungskräfte
können einen wesentlichen Beitrag leisten, dass dies gelingt:

So stieg beispielsweise die Motivation vieler Arbeiter einer Papierfabrik,
als sie eines Tages die hochwertigen Kunstbände in Händen hielten,
die mit den von ihnen hergestellten Papieren gedruckt worden waren.
Davon hatten sie vorher keine Ahnung. Nun wussten sie, wie wichtig die
Reinheit und Qualität ihrer Papierproduktion war. Es kam zu einer mess-
baren Qualitätsverbesserung, die Reklamationen nahmen ab.

Die Sinnfrage ist übrigens für jeden eine große Herausforderung –
unabhängig von der Qualifikation. So können nicht nur Steinmetze mit
dieser Frage hadern, sondern auch Journalisten. Das zeigte eine Studie
im Rahmen des *Good-Work-Projects*, an dem die US-amerikanischen
Wissenschaftler Howard Gardener (Harvard-Universität), Mihaly
Csikszentmihalyi (Claremont-Graduate-Universität, Sie erinnern sich:
der Erforscher des *Flow*) und William Damon (Stanford-Universität)
mitwirkten. Sie gingen der Frage nach, was qualitativ hochwertige als

auch ethisch verantwortliche Arbeit ausmacht, und wie sich dies auf die Motivation auswirkt:

Die beiden extremsten Ergebnisse ermittelten sie in den Berufsbereichen Genforschung und Journalismus: Nahezu alle befragten Genforscher waren von ihrer Arbeit begeistert und sahen einen Sinn in ihr, denn sie waren von der Nützlichkeit ihrer Forschungen für die Menschheit überzeugt. Mit ihrer Arbeit hofften sie, Krankheiten zu beseitigen oder zumindest zu mildern und das Leben von Menschen zu verlängern.

Ganz anders die Journalisten, die sich hochgradig frustriert und deprimiert zeigten. Zwar hatten sie davon geträumt, gesellschaftlich und politisch wichtige Themen zu bearbeiten, stattdessen sahen sie sich gezwungen über Sensationsgeschichten zu berichten und negative Storys über Anzeigenkunden zu vermeiden, sich also einerseits dem Verlangen des breiten Publikums nach leicht verdaulicher Kost anzupassen, andererseits den Gewinn- und Renditezielen der Medienorganisationen zu beugen. Ihre Arbeit ergab für die wenigsten von ihnen einen Sinn für die Gesellschaft, entsprechend gering war ihre Motivation.

Sinn macht gesund

Arbeit ohne höheren Sinn zieht nicht nur der Motivation den Boden unter den Füßen weg, sie kann sogar krank machen. Eine Gallup-Studie von 2004 zeigte, dass die Zahl der Fehltage zunahm, je weniger sich Arbeitnehmer mit ihrem Job verbunden fühlten.

Eigentlich kein Wunder. Oder können Sie sich vorstellen, fit und gesund zu bleiben, wenn Sie sich durch jeden Tag quälen müssen, so wie unsere Adressprogramm-Prüferin aus der Eingangsgeschichte? Es ist gut vorstellbar, dass sie (so wie jeder, der in einem Job ohne Sinn gelandet ist) auf Dauer gesundheitliche Probleme bekommt, physischer oder psychischer Art. Das bestätigen auch medizinische Forschungen. Für die Genesung unverzichtbar ist ein Gefühl von Sinn, eine bedeutungsvolle Tätigkeit, das Gefühl gebraucht zu werden.

Sinn macht reich

Auffallend ist die Tatsache, dass sich der Sinn, der mit einer Tätigkeit verbunden ist, oft in einem reziproken Verhältnis zur damit notwendigerweise verbundenen Vergütung verhält. Mit anderen Worten: Je größer der Sinn, desto geringer ist in vielen Fällen die Entlohnung. Doch viele Menschen sind gerne bereit, sich für wenig Geld in sozialen oder ökologischen Berufen zu engagieren: in Pflegediensten, im Umweltschutz, in der Entwicklungshilfe. Ob bei »Greenpeace«, »Amnesty International«, »Ärzte ohne Grenzen« und den unzähligen vergleichbaren Institutionen, die viel »Sinn« machen, indem sie dazu beitragen einige der vielen Missstände auf dieser Erde zu lindern. Kaum einer, der dort tätig ist, wird diese Arbeit aus finanziellen Gründen übernommen haben. Im Gegenteil, die meisten müssen sich mit einer sehr geringen Entlohnung begnügen; etliche tun ihren Job sogar ehrenamtlich. Hier kompensiert gewissermaßen der Sinnfaktor die geringe Bezahlung.

Umgekehrt: Oft verdienen diejenigen besonders viel Geld, die grundlegende moralische Werte und Menschenrechte mit Füßen treten – denken Sie nur an Drogenhandel, Waffenschmuggel oder an den Handel mit Billigware, die unter unwürdigsten Arbeitsbedingungen von Frauen und Kindern produziert wird. Hier besteht der einzige Sinn des Geschäfts darin, möglichst viel Geld zu machen.

Um Missverständnisse zu vermeiden: Selbstverständlich lässt sich auch mit einem sinnvollen Beruf gutes Geld verdienen. Unternehmer, die mit ihrem Engagement Millionen verdient haben, ebenso wie Musiker oder Schriftsteller, die mit ihrer künstlerischen Meisterleistung reich geworden sind, können durchaus einen großen Sinn in ihrer Arbeit und ihrem Schaffen gesehen haben. Viele sind vielleicht gerade deshalb reich geworden, weil dies *nicht* im Mittelpunkt ihres Strebens stand.

Dies hat der Industrielle, Schriftsteller und Politiker Walther Rathenau (1867–1922) treffend beschrieben: »Dass Geschäfte gemacht werden, um Geld zu verdienen, scheint vielen ein so selbstverständlicher

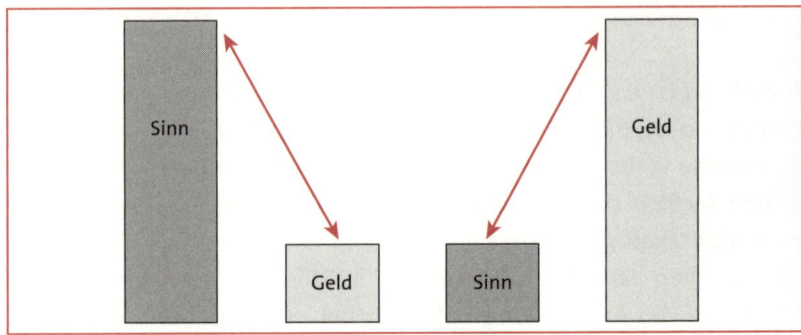

Reziprokes Verhältnis von Sinn und Entlohnung in der Arbeit

Satz, dass er nicht erst ausgesprochen zu werden braucht. – Dennoch habe ich noch niemals einen wahrhaft großen Geschäftsmann und Unternehmer gesehen, dem das Verdienen die Hauptaufgabe seines Berufes war, und ich möchte behaupten, dass wer am persönlichen Geldgewinn hängt, ein großer Geschäftsmann nicht sein kann.«

Fazit: Je größer der Sinn, desto geringer das benötigte Geld. Führt aber großer Sinn auch zu vielem Geld, dann war doch das Geld nicht der verfolgte Sinn!

Wenn Sinn nun also gesund, motiviert und reich macht – wie kommen wir jetzt auf diesen grünen Zweig? Ist es wirklich möglich, in jedem Job Sinn zu finden, oder sogar die ganz großen Werte? Provokativ gefragt: Kann man Werte überhaupt im Business leben?

So finden Sie Sinn im Job

Mit dieser Frage haben sich auch die Wissenschaftler des *Good-Work-Projekts* beschäftigt. Sie haben drei Schritte entwickelt, die wir gehen können, um in unserer Arbeit Sinn zu finden. Es mag zunächst ein wenig einfach klingen – aber versuchen Sie es ruhig einmal. Die Ergebnisse können verblüffend und auch überraschend tiefsinnig sein.

Bestimmen Sie die zentrale Mission Ihres Berufes

Jedes berufliche Betätigungsfeld hat eine so genannte zentrale Mission, die ein grundsätzliches Bedürfnis der Gesellschaft befriedigen soll. So ist beispielsweise das Grundmotiv eines Piloten, Menschen sicher von einem Platz zum anderen zu befördern, Richter wollen für Gerechtigkeit sorgen, Therapeuten seelische Leiden und Konflikte lindern, Lehrer wollen Heranwachsenden wichtiges Wissen vermitteln und pädagogische Hilfen bieten und so weiter. In jedem Beruf ist es wichtig, den Sinn und das Kernziel der eigenen Profession zu kennen. Hierbei kann die Frage zur Klärung verhelfen: »Welchen Nutzen bietet die Art der Arbeit, die ich ausübe, für die Gesellschaft und warum sollte sie honoriert werden?« Im Idealfall ist diese Mission maßgeblicher Beweggrund bei der Berufswahl und bleibt auch im Laufe der Berufsausübung der sinn- und orientierungsgebende Faktor.

Zur Verdeutlichung gehen wir hier noch einen Schritt über das Drei-Schritte-Konzept hinaus: Die Mission kann sich sowohl aus dem ergeben, *was* man tut, also aus der Tätigkeit selbst, als auch daraus, *wie* man etwas tut, mit welchen Werten man seine Ziele verfolgt, vor allem, wie man mit Menschen umgeht. Und das unabhängig davon, ob die eigene Arbeit sich auf eine Sache bezieht (ein Koch kocht, ein Pilot fliegt, ein Goldschmied bearbeitet Schmuck) oder auf andere Personen (wie bei einem Arzt, Berater oder Fernsehmoderator).

Bei etlichen Berufen ist es das »Was«, das den Sinn der Sache ausmacht: Ein Arzt, Lehrer, Forscher – dass diese etwas Sinnvolles tun, wird zumeist vorausgesetzt. Doch wie geht es den Hunderten von Kassiererinnen, Reinigungskräften und all den Angestellten, die ein Bekannter einmal treffend »Lach- und Sachbearbeiter« genannt hat? Können sie sich alle über das »Wie« einen Sinn zusammenreimen?

Ja! In den meisten Jobs, mögen diese auch in erster Linie sachbezogen sein, kann sich der Sinn auch und oft gerade aus der Art und Weise ergeben, *wie man mit seinen Kollegen und Mitarbeitern umgeht*: So kann beispielsweise eine Verwaltungsangestellte ihren persönlichen Sinn im Job finden, weil sie für ein gutes Betriebsklima sorgt, für die

Sorgen ihrer Kollegen ein offenes Ohr hat, sich um die Azubis kümmert und die Betriebs-Big-Band leitet. Mag sie vielleicht sogar ihre eigentliche Arbeit für austauschbar halten – ihr Bedürfnis nach Sinn wird durch die Art und Weise erfüllt, *wie* sie sich engagiert und mit den anderen Mitarbeitern umgeht.

Mag das entscheidende »Wie« bei jedem Menschen auch anders aussehen, es gibt kaum eine Situation, in der wir nicht doch einen Sinn für uns entdecken können. Hierzu einige Beispiele anhand der *drei Kategorien von Sinnstiftern*, die nach Frankl in der Arbeitswelt eine Rolle spielen:

♦ *Kreative Tätigkeiten:* Ein Schaufensterdekorateur hat Freude daran, immer wieder neue, künstlerische und attraktive Auslagen zu gestalten. Ein Architekt geht darin auf, unübliche, extravagante Haus- und Raumaufteilungen zu kreieren. Ein Sachbearbeiter eines Versicherungsunternehmens findet seine Erfüllung darin, ständig neue Methoden zu finden, mit denen sich Anträge schneller und effektiver bearbeiten lassen.

♦ *Soziales Erleben:* Ein Busfahrer ist nicht nur sicher und zuverlässig, sondern kennt seine »Stammgäste«, hat für jeden einen aufmunternden Spruch parat und ist unterwegs der Entertainer seiner Fahrgäste. Eine lang gediente Kassiererin hat sich im Laufe der Zeit zur »Mutter der Kompanie« entwickelt und nimmt gerne neue Kolleginnen unter ihre Obhut, um ihnen die Startphase zu erleichtern.

♦ *Verwirklichung ethischer Einstellungen:* Auch noch am Ende seiner Schicht bemüht sich ein Nachtwächter trotz seiner Müdigkeit, auf Fragen der Firmenmitarbeiter einzugehen. Um sich für bessere Arbeitsbedingungen zu engagieren, lässt sich ein Fließbandarbeiter in den Betriebsrat wählen. Um alleinerziehenden Müttern im Betrieb das Leben zu erleichtern, organisiert die Chefsekretärin eine Kinderbetreuung.

Suchen Sie Vorbilder und lernen Sie von ihnen

In fast jeder Berufssparte existieren bestimmte, geschriebene oder ungeschrieben überlieferte Ausübungsstandards, wie beispielsweise in der Ärzteschaft der Hippokratische Eid. Manche bleiben bestehen, andere mögen sich im Laufe der Zeit ändern. Um sich darüber klarer zu werden, kann es von Nutzen sein, sich eine Liste von Vorbildern zu erstellen, von herausragenden Vertretern des eigenen Berufes zusammen mit den von ihnen gelebten Tugenden. Und zwar mit der Frage: »Welcher Kollege wird seinem Beruf und seiner Berufung am besten gerecht – und warum?« Welche solcher Vorbilder fallen Ihnen ein – und aus welchem Grund?

Vorbilder meines Berufes	Tugenden/Werte

Machen Sie den Spiegeltest

Hierbei geht es vor allem darum, festzulegen, welche Grenzen man nicht überschreiten will und warum. Mit dem so genannten »Spiegeltest« können Sie überprüfen, ob Ihre Handlungen mit Ihrem persönlichen Wertesystem übereinstimmen: »Bin ich mit der Art, wie ich meinen Beruf ausübe, zufrieden, wenn ich morgens in den Spiegel schaue?« Und: »Würde ich in einer Welt leben wollen, in der sich jeder so verhält wie ich?« Letztere Frage mag schon sehr streng und im Sinne des »Kategorischen Imperativs« des Philosophen Immanuel Kant klingen, der forderte, man solle so leben, dass die Maßstäbe des eigenen Handelns als Richtlinien für alle anderen gelten könnten. Salopper formuliert es Howard Gardner, Professor für Psychologie an der Harvard University, der folgende Testfrage empfiehlt: »Würden Sie es mögen, wenn Ihr Verhalten auf der Titelseite der lokalen Zeitung beschrieben würde?« Nun, wählen Sie einfach diejenige Fragestellung, die besser zu Ihrer Art des Denkens passt.

Doch was tun, wenn die äußeren Anforderungen nicht zu Ihrem inneren Wertesystem passen? Wie kann sich beispielsweise ein Krankenhausarzt verhalten, der ausführliche Gespräche mit Patienten für essenziell hält, dem aber die Krankenhausleitung so viele Fälle zuweist, dass nur noch eine Fließbandabfertigung möglich ist? Howard Gardner und seine Kollegen sehen vier Optionen:

1. Der einfachste Weg ist natürlich, *sich den Umständen zu beugen* und so dem Konflikt aus dem Weg zu gehen. Nicht selten zwingen einen finanzielle oder familiäre Faktoren dazu.
2. Die zweite Möglichkeit besteht darin, sich an seinem Arbeitsplatz (allein oder gemeinsam mit Kollegen) *für bessere Arbeitsbedingungen einzusetzen,* also zu versuchen, die Organisation, in der man arbeitet, von innen heraus zu reformieren. Nach allen Erfahrungen lohnt sich die Bereitschaft, sich für Umstände einzusetzen, die eine bessere Arbeit ermöglichen.
3. Der dritte Weg (falls der Reformversuch scheitert) mag viel Mut erfordern: Zu gehen und *eine Nische zu suchen,* die es einem erlaubt,

seinen Beruf entsprechend der eigenen Werte zu verwirklichen – bei einem Arbeitgeber, dessen Werte den eigenen eher entsprechen, oder sich alleine oder mit Gleichgesinnten selbstständig zu machen.

4. Zuletzt bleibt als radikalste Lösung wohl nur, den bisherigen Beruf aufzugeben und im Rahmen seiner Fähigkeiten und Qualifikation *einen neuen Beruf zu suchen* – vorausgesetzt, der Arbeitsmarkt erlaubt dies.

Auf jeden Fall lohnt es sich, sich sowohl an hohen Qualitätsnormen als auch an anspruchsvollen Wertestandards zu orientieren. Menschen, die das tun, haben nach Howard Gardner »mehr Spaß an ihrer Arbeit und sind erfüllter als jene, die ausschließlich nach technischem Können, Ruhm oder finanziellem Erfolg streben.«

Nach alldem dürfte wohl das Lügenmärchen, dass Sinn und Zweck der Arbeit egal sind, keinen Sinn mehr ergeben. Und damit das Gelesene auch für Sie mehr Sinn macht, haben Sie nun wieder Gelegenheit zur Introspektion und schriftlichen Selbstreflexion. Dabei müssen Sie keineswegs die Rettung der Menschheit ins Auge fassen, oft geht es nur um ganz konkrete kleine Schritte.

Fragen zum Selbstcoaching

1. Wenn Sie an die Geschichte mit den Steinmetzen denken, wie würden Sie Ihre Einstellung zur Arbeit angeben? Was hat bei Ihnen erste Priorität, was steht an zweiter Stelle und was auf Platz drei? Kreuzen Sie an:

	Priorität		
Ich arbeite, um Geld zu verdienen.	(1)	(2)	(3)
Ich arbeite, um erfolgreich zu sein.	(1)	(2)	(3)
Ich arbeite, um etwas Sinnvolles zu tun.	(1)	(2)	(3)

2. Was tragen Sie zum besseren Gelingen Ihres Unternehmens bei? – Was würde dem Unternehmen, Ihren Mitarbeitern/Kollegen oder Ihren Kunden/Klienten/Patienten fehlen, wenn es Sie nicht gäbe?

_____

_____

_____

_____

3. Wie würden Sie die zentrale Mission Ihres Berufes bezeichnen? Worin sehen Sie den Sinn in Ihrem Beruf – und darüber hinaus, in Ihrem Leben? Wozu sind Sie hier? Was ist Ihre Aufgabe oder Ihre Berufung? Was wollen Sie bewirken, beziehungsweise mit 80 oder 90 Jahren bewirkt haben? (Nehmen Sie hierfür gegebenenfalls ein eigenes Blatt – und lassen Sie sich Zeit.)

_____

_____

_____

_____

4. Wie würde es Ihnen gehen, wenn Sie keine Arbeit mehr hätten? Was könnten Sie tun, um den »Sinnfaktor« in Ihrem Leben aufrechtzuerhalten?

_____

_____

_____

_____

5. Was haben Sie anderen Menschen zu geben? Womit können Sie andere – in der Arbeit und privat – bereichern?

_____

_____

Extra-Coaching für Führungskräfte

1. Wie können Sie Ihre Mitarbeiter unterstützen, mehr Sinn in ihrer Arbeit zu erkennen? Ist Ihrem Team klar, wie dessen Beitrag im Zusammenhang steht mit dem großen Ganzen? Ist jedem Einzelnen der Wert seines individuellen Beitrags bewusst?

---

2. Sprechen Sie mit Ihren Mitarbeitern über die Werte, die das Unternehmen verkörpert? Hatte der Firmengründer möglicherweise einen ganz besonderen Wertekanon, der bis heute in der Firma hoch geschätzt wird?

---

3. Stellen Sie Ihre eigenen Werte und Vorstellungen über den Sinn Ihrer Arbeit zur Diskussion?

---

4. Haben Ihre Mitarbeiter die Chance, ihre eigenen Werte zu reflektieren und zu verwirklichen?

_____

_____

_____

_____

5. Haben Sie die Möglichkeit, das ehrenamtliche Engagement Ihrer Mitarbeiter zu fördern – im Unternehmen und/oder außerhalb der Arbeit?

_____

_____

_____

_____

Fünftes Lügenmärchen

»Ohne mich läuft hier gar nichts«

Niemand schreibt in ein Zeugnis,
dass ein Manager Mitglied
einer erfolgreichen Gruppe gewesen sei.

Hedwig Kellner

A ls ich kürzlich von einem meiner Vorträge mit dem Schnell-
zuge nach Hause fuhr, traf ich am Bahnsteige eine Dame,
die – so schien es mir – rund einen Zentner Papier bewegte: Ordner,
Umlaufmappen, Hüllen und Umschläge aller Art hatte sie in eine
mit Rädern ausgestattete Aktentasche gestopft, die sie hinter sich
her zerrte. Ihre rechte Schulter wurde von einer überdimensionierten
Handtasche zu Boden gezogen, in der allerlei technische Instrumente
steckten, vom Klapprechner über einen gewaltigen Kabelwust bis hin
zu Diktiergeräten und tragbaren Fernsprechapparaten. Und mehr
noch: An ihrem Rücken hing schwer eine Kiepe, die randvoll mit Fach-
zeitschriften, Büchern und noch mehr Ordnern angefüllt war.

»Meine Dame, Sie sind ja recht schwer beladen«, rief ich
spontan aus, so verblüfft war ich ob dieses ungewöhnlichen
Anblicks. »Ach, das ist doch gar nichts«, entgegnete sie. »Ich
nehme mir bloß ein wenig Arbeit mit in den Urlaub, um sieben
Projekte abzuschließen.« »Da haben Sie sich ja allerhand vorgenommen«, staunte ich. »Ach was«, erwiderte die bepackte
Dame. »Das mache ich doch gern, und es bleibt mir letztendlich
auch gar nichts anderes übrig. Außer mir kennt sich in der Abteilung nämlich niemand in der Materie so aus wie ich, und alles,
was ich nicht selbst zu Ende bringe oder doch wenigstens geflis-
sentlich kontrolliere, ist von mangelhafter Brauchbarkeit. So führe
ich nicht nur meine eigenen Arbeiten aus, sondern erledige auch
höchst gewissenhaft die Angelegenheiten etlicher Kollegen. Ja,
sogar meiner Sekretärin pflege ich vielerlei Vorgänge vom Pulte zu
nehmen – dann weiß ich auch, dass es richtig gemacht wird.« »Ich
bin beeindruckt«, behauptete ich. »Das können Sie auch sein«,
unterstrich die Dame. »Ist Ihnen übrigens Ludwig XIV. bekannt,
der französische Sonnenkönig? L'état, c'est moi, soll dieser gesagt
haben. Bei mir ist es ähnlich: Das Team bin ich!«

Damit verschwand die beschwerte Dame mit ihrem Gepäcke in der
Menge, langsam, wie Sie sich lebhaft vorstellen können, und nicht
weniger schnaufend als die ein- und ausfahrenden Lokomotiven. Ich
stand noch eine Weile am Gleis, um mich ausführlich zu wundern.

Ein Büro voller Narren

Womöglich kommt Ihnen diese Dame trotz der meilenweiten Überzeichnung ein wenig bekannt vor? Vielleicht haben Sie selbst auch schon mal Arbeiten Ihrer Kollegen »weggeschafft«, weil diese offensichtlich selbst dazu nicht in der Lage waren? Unhöflich ausgedrückt: zu dumm, zu lahm, zu faul, zu unzuverlässig – völlig nichtsnutzig? Vielleicht gehören Sie zu denjenigen, die viel wissen und können, sich stark engagieren und die meiste Arbeit leisten, da es Ihnen sonst zu lange dauert oder nicht hunderprozentig korrekt wird?

Die Folge ist, dass Sie immer mehr dazulernen und auch immer effizienter arbeiten (sonst würden Sie die Kurve gar nicht mehr bekommen), während Ihre werten Kollegen auf der Stelle treten (um nicht zu sagen: dösen). Das wiederum kann zwei Konsequenzen haben: Entweder, Sie werden befördert. Denn für die Karriere zählt das, was der Einzelne leistet. Oder haben Sie schon einmal davon gehört, dass ein komplettes Team befördert worden ist?

Oder: Sie kriegen die Wut (»Bin-ich-denn-der-Depp!?«) und schmeißen alles hin. Denn wer lässt sich schon gern als Arbeitspferd einspannen, während die Kollegen die Füße hochlegen und das Hohelied der Teamarbeit singen: »Toll-Ein-Anderer-Macht's«? Das kennen Sie sicherlich. Die Frage ist: Warum laufen in Büros und Werkstätten überhaupt so viele Pappnasen herum? Warum funktionieren Teams nicht so, wie sie sollen? Es gibt viele Gründe:

Das Peter-Prinzip

»In einer Hierarchie neigt jeder Beschäftigte dazu, bis zu seiner Stufe der Unfähigkeit aufzusteigen« – diese Erkenntnis haben Laurence J. Peter und Raymond Hull bereits 1969 in ihrem Buch *The Peter Principle* zu Papier gebracht. Sie warfen die Fragen auf, warum so viele Menschen in großen, hierarchischen Unternehmen so lange von Position zu Position aufsteigen, bis sie auf einem Posten gelandet sind, der sie überfordert. Was trieb diese Menschen an? Zweitens: Warum ließen die Organisationen so etwas überhaupt zu? Und drittens: Warum waren sie überhaupt so inkompetent – hatten sie in ihrer Ausbildung nicht genug gelernt?

Wie sieht es in Ihrem Unternehmen aus? Lässt Ihr Abteilungsleiter Ihr Team einmal hierhin, und dann wieder dorthin rudern? Behindert Ihr direkter Vorgesetzter eher Ihre Arbeit und die Ihrer Kollegen, anstatt Ihnen den Rücken freizuhalten? Sieht er sich immer noch als »ersten Fachmann«, und mischt sich in Detailfragen ein, die er als Führungskraft eigentlich Ihnen überlassen sollte? Dann haben Sie offenbar auch mit Peter-Problemen zu kämpfen. Kurz: Es wimmelt von inkompetenten Petern, die jedes Projekt kaputtmachen können. Und so ist es kein Wunder, dass so viele Mitarbeiter sich verbarrikadieren, Nebelschwaden um ihre Projekte blasen und mit möglichst niemandem kommunizieren – sie tun nichts anderes, als sich vor Petern zu schützen.

Der Ringelmann-Effekt

Ende des 19. Jahrhunderts untersuchte der französische Agraringenieur Max Ringelmann (1861–1931), inwiefern sich Einzelleistungen von Gruppenleistungen unterscheiden. So ließ er Probanden an einem 5 Meter langen Strick ziehen, allein und in Gruppen verschiedener Größe. Sein Ergebnis: Die Einzelleistungen waren größer als die Leistungen kleiner Gruppen, und die wiederum brachten alles in allem mehr Leistung als größere Gruppen. Ringelmann erklärte die abnehmende Leistung mit einem zunehmenden Koordinationsproblem und mit dem Motivationsverlust der einzelnen Personen.

In der Folge interessierten sich die Forscher nicht mehr so sehr für die Kunst des Tauziehens, sondern vor allem für die Frage der Motivation. Zahlreiche Experimente folgten, die sich mit der Theorie des *Sozialen Faulenzens* auseinander setzen. Heute gilt es als sicher, dass wir in Gruppen zu Faulheit neigen, und zwar besonders dann, wenn wir nicht wissen, wie viel jeder Einzelne zur Gesamtleistung beiträgt. Interessant: Tendenziell sind Männer in westlichen Kulturen anfälliger für den Faulenzer-Effekt als in östlichen, und Männer insgesamt stärker als Frauen.

Wenn Sie also die Einschätzung teilen, dass in Teams viel gequatscht und wenig geleistet wird, und dass es letztendlich immer Einzelpersonen sind, die den Karren aus dem Dreck ziehen – dann liegen Sie damit ziemlich nahe an der Wahrheit.

In einem Beitrag für *Psychologie Heute* geht der Journalist Martin Hecht übrigens noch einen Schritt weiter: Ein Team, schreibt er, steigere eine gute Arbeit keineswegs zur besseren, es verhindere diese vielmehr, und zwar mindestens so sehr, wie früher die Willkür in traditionellen Arbeitshierarchien. Teams seien nicht selten Foren maximaler Unfreiheit, die bisweilen den Einzelnen zwingen könnten, auch noch den größten Unsinn mitzutragen, den die Gruppe beschließt. Teamfähig zu sein könne daher in manchen Fällen dazu führen, die individuelle Kreativität gerade nicht einzubringen und das wahre Gesicht der eigenen Persönlichkeit zu verbergen und zu maskieren.

Das Einzelkämpfer-Phänomen

Vielleicht ist es also ganz gut, dass die wenigsten Berufseinsteiger heute wirklich teamfähig sind, ganz einfach deshalb, weil sie es nie gelernt haben? An den Schulen wird Teamarbeit weitgehend vernachlässigt. Zwar gewinnt Gruppenarbeit in den höheren Klassen zunehmend an Bedeutung, in den Prüfungen hört der Spaß aber auf: Hier gibt es meist nur Zensuren für die Einzelleistung, während Kooperationsverhalten nicht bewertet wird. Auch an den Hochschulen zählt im Examen wieder nur die Leistung des Einzelnen.

Und dann, nach einer solchen konkurrenzorientierten Ausbildung an Schule und Universität sollen die Absolventen auf einmal im Job teamfähig sein, sich den anderen gegenüber öffnen und kooperativ-kommunikative Fähigkeiten an den Tag legen? In vielen Fällen kann das nur schiefgehen.

Neben diesem Manko innerhalb der Ausbildung haben wir es mit einem weiteren Phänomen zu tun: Helden, Hochleister, Genies sind fast immer Einzelkämpfer. Darauf weist Fredmund Malik, Leiter des Managementzentrums St. Gallen, hin: Alle wirklich großen Leistungen der Menschheit seien die Leistungen von Einzelnen gewesen und nicht von Teamarbeit. Vor allem in der Kunst: Ob in der Literatur, der Musik, der Malerei, Bildhauerei, Architektur oder Philosophie – alle großen Werke seien von Einzelnen erschaffen worden. Aber genauso verhalte es sich mit den großen Ideen, Entwicklungen und Entdeckungen der Naturwissenschaften: Ob in der Medizin, der Biologie, der Chemie oder der Mathematik ebenso wie in der Psychologie, Soziologie und Ökonomie, überall stehen die Namen einzelner Wissenschaftler für große Leistungen. Von wegen Teamarbeit!

Malik sieht die Überhöhung von Teamarbeit als ein »Indiz für ein im Kern kollektivistisches Denken«. Vor einigen Jahren, als Japan wirtschaftlich noch erfolgreich war, habe man kaum dagegen argumentieren können, weil es der Gruppengedanke war, der Japan allem Anschein nach dem Westen überlegen machte. Nun, nachdem die Schwierigkeiten Japans nicht mehr verschleiert werden könnten, zeigten sich allerdings deutlich die Grenzen kollektiver Strukturen.

Die Teamlüge

Schon 1997 hatte die Autorin Hedwig Kellner mit ihrem Buch *Die Teamlüge* Aufsehen erregt. Teamwork sei meistens nichts als eine »Leerformel«, von vielen Mitarbeitern als »Managementtrick« oder gar bloßes »Gerede« angesehen. Kern der Teamlüge: »Den Mitarbeitern wird die Illusion gegeben, sie seien von der traditionellen Chef-Autorität befreit und könnten sich in trauter Runde der Kollegengruppe frei nach ihren Fähigkeiten und Neigungen entwickeln.« Disziplinarische oder hierarchische Hemmnisse würden so schlicht und ergreifend verschleiert, ist Kellner überzeugt, und empfiehlt deshalb: »Wenn Sie Spitzenleistungen anstreben und beruflichen

Aufstieg, dann muss das Bekenntnis zum Teamwork unbedingt ein Lippenbekenntnis bleiben.«

Warum die Formel nicht aufgeht

Provokativer geht es kaum. Ich kann nicht verhehlen, dass all diese Thesen meine grundsätzlich positive Einstellung und auch Erfahrungen hinsichtlich Teamarbeit und Kooperation in der Arbeitswelt durchaus in Frage stellten, als ich mich erstmals mit ihnen auseinander setzte. Es blieb mir nichts übrig, als zu versuchen mich – wie mein Ahnherr – am eigenen Schopf aus dem Sumpf der Unsicherheit und negativen Skepsis zu ziehen, mich also intensiv mit der Thematik zu beschäftigen, um die Wahrheit herauszufinden.

Zurück zu den Affen

Zuerst schaute ich zurück zum Ursprung der menschlichen Evolution. Sind wir von Natur aus auf Kooperation programmiert oder auf den Kampf eines jeden gegen jeden, bei dem nur der Stärkere überlebt? Dazu fand ich folgende Geschichte:

Zwei Jungen spielen im Wald, als sie plötzlich einen Bären herankommen sehen. Einer der beiden greift nach seinen Turnschuhen. Der andere sagt: »Was soll's, du bist sowieso nicht schneller als der Bär.« Antwortet der Erste: »Das vielleicht nicht, aber ich bin schneller als du.«

So schildert Richard Layard mit einfachen Worten den Kerngedanken des Darwinismus: Einer von beiden wird gefressen werden, und die Frage ist lediglich noch welcher. Ein Teil des Lebens ist tatsächlich so, jedenfalls kurzfristig gesehen. Doch auf lange Sicht ist ein Miteinander immer besser als ein Gegeneinander.

Der Anthropologe Carel von Schaik fand kürzlich heraus, warum es Menschen gelang, ihre Affenverwandtschaft zu übertrumpfen: Vor 2 Millionen Jahren, als unsere Vorfahren infolge des Klimawandels in die Savanne zogen, veränderte sich die Umwelt derart, dass alte Verhaltensweisen nicht mehr taugten. Die Folge war ein hoher Innovationsdruck. Während viele Populationen aufgrund der neuen unbekannten Lebensbedingungen ausstarben, überlebten jene, die auf Kooperation setzten. Kooperation war und wurde Grundvoraussetzung fürs Überleben. Im Unterschied zum Menschenaffen, der primär egoistisch und nicht bereit ist, sein Futter zu teilen, könne der Mensch altruistisch, also selbstlos handeln.

Vor allem die Experimente des Züricher Ökonomen Ernst Fehr, mit dem Carel von Schaik zusammenarbeitet, zeigen, dass das lange angenommene Modell des Menschen als Homo Oeconomicus, als rationaler Nutzenmaximierer, falsch ist. In einem oft wiederholten Experiment erhielten Versuchspersonen Geld und durften es entweder behalten oder anderen davon abgeben, ganz wie sie wollten. »Und was tun die Leute? Sie geben 20 bis 30 Prozent weg«, erzählt von Schaik. »Wir kooperieren – ohne Zwang.« Altruistisches und kooperatives Verhalten scheint dem Menschen in seinen Genen verankert zu sein.

Entsprechendes bestätigte die Züricher Hirnforscherin Tania Singer. Sie erforscht, wie Menschen im Miteinander ticken, was Nervenzellen und Hormone machen, wenn wir kooperieren oder uns unfair verhalten. Gemeinsam mit anderen Neuroökonomen fand sie heraus, dass das Gehirn viel stärker auf faire als auf unfaire Mitspieler in einem Experiment reagiert und sich diese auch besser merkt. Der Anblick von Fairplay-Anhängern aktiviert zudem das Belohnungszentrum. Die Probanden hatten Spaß an der Zusammenarbeit. Das Ergebnis: Menschen kooperieren viel mehr als gedacht, sie handeln nicht nur egoistisch. Mit den Worten der Professorin: »Unser Hirn ist auf Zusammenarbeit geeicht.«

Soweit der Blick zurück in die Evolution und in die Nervenzellen unseres Gehirns.

Hin zur vernetzten Organisation

Und was ist nun mit den Michelangelos, Einsteins, van Goghs oder Goethes, auf die Fredmund Malik sich bezieht, wenn er Teamwork kritisiert? Möglicherweise hat er sich zu sehr in den Bann ziehen lassen vom Kult um Genies und Stars, der typisch ist in der Kulturgeschichtsschreibung. Teamarbeit kann nicht aufgrund der Analyse von kreativen individuellen Spitzenleistungen abgewertet werden. Die Produktivität von »realen« Arbeitsteams kann schon deshalb nicht mit der Leistung eines Bildhauers oder Musikers verglichen werden, weil Erstere an konkreten Aufgaben arbeiten (zum Beispiel einen neuen Halogenscheinwerfer entwickeln sollen), während Letztere Kunstwerke schaffen, die im Idealfall keinen anderen Zweck verfolgen, als Kunst zu sein. Überdies mag die Entwicklung einer neuen Steuerungssoftware komplexes Denken voraussetzen, aber sie erfordert keine umwälzende Kulturleistung, wie sie etwa ein Beethoven in der Musik oder ein Caravaggio in der Malerei vollbracht haben.

In den meisten modernen Unternehmen kann heute der Einzelne keine Spitzenleistung mehr erbringen, ohne mit anderen zu kooperieren. Eine hohe Gruppenproduktivität bringt bessere Ergebnisse als eine hohe Einzelproduktivität – das haben die Analysen des Ökonomen Leo Neofiodow bestätigt.

Insbesondere High-Tech kann nur von intelligenten, vernetzten Teams entwickelt werden. Stellen Sie sich die Entstehung eines Autos vor: Selbstverständlich arbeiten hier Hunderte von Designern, Ingenieuren mit den vielfältigsten Spezialisierungen, Sicherheitsexperten, Einkäufern und Verkäufern, Fahrzeugtestern und Zulieferern zusammen, bis der neue Wagen auf der IAA präsentiert werden kann.

Und schon ein relativ einfaches Produkt, wie zum Beispiel Lernsoftware, kann heute niemand mehr alleine entwickeln: Zur Herstellung eines computergestützten Lernprogramms in der Medizin beispielsweise braucht man neben einem Fachmediziner, der die Inhalte souverän beherrscht, einen psychologisch geschulten Pädagogen, der die didaktische Konzeption bewältigt, einen Informatiker, der sich in Softwareentwicklung auskennt, und schließlich einen Designer zur optischen Gestaltung des Programms. Hier ist Teamarbeit aus der komplexen Natur des Produktes heraus notwendig, das keiner der genannten Profis alleine herstellen könnte.

Viele Unternehmen arbeiten heute daran, sich von den alten hierarchischen Strukturen zu verabschieden und sich in moderne Netzwerkorganisationen zu verwandeln. Sie verabschieden sich vom Denken in Abteilungsschubladen und formalen Zuständigkeiten, sie delegieren Verantwortung an die Basis. Diese organisiert sich in schlagkräftigen Teams, die untereinander vernetzt sind und sich mit ihren Aufgaben ständig neu strukturieren. Eine derartig vernetzte Organisation ist unübersichtlich und schwer zu kontrollieren – dafür aber sehr viel schneller und intelligenter als ein traditionelles Unternehmen, in der jede Entscheidung schrittweise von unten nach oben, und dann Schritt für Schritt zurück von oben nach unten gefällt wird, wenn sie nicht irgendwo hängen bleibt. Das ist Teamarbeit der nächsten Generation – eine immense Herausforderung, sowohl für jeden Mitarbeiter als auch für die Führungskräfte.

Phänomene wie die Internet-Enzyklopädie *Wikipedia* oder die freie Software *Linux* zeigen, wo die Reise hingehen könnte: Hier ist schon jetzt sichtbar, dass das Produkt immer besser wird, je mehr Menschen daran mitwirken. Es gilt also nicht mehr zwangsläufig: »Viele Köche verderben den Brei«, sondern »Je mehr Köche, desto besser der Brei.« Wobei es alle Köche aushalten müssen, dass der Brei niemals fertig wird, sondern sich immer weiter entwickelt, und sowohl die produzierte Menge als auch deren Qualität sich dem Willen und der Kontrolle des Einzelkochs entwinden.

Nachdem wir uns von der Überhöhung einzelner Genies distanziert haben, wollen wir nun aber auch nicht ins Gegenteil verfallen, und die Gemeinschaft unreflektiert in den Himmel loben. Unternehmen brauchen das Individuum und die Gemeinschaft, beide Pole müssen geschätzt und gepflegt werden, der Austausch zwischen beiden muss fruchtbar sein. Denn: Das Individuum allein kann komplexe Aufgaben nicht bewältigen, und eine Gemeinschaft, die keinen Widerspruch duldet, läuft Gefahr, in die Einfältigkeit abzugleiten.

Fünf Gründe, warum wir gemeinsam arbeiten sollten

Für jeden Einzelnen von uns heißt das: Wir sind gut beraten, uns auf das Abenteuer des gemeinsamen Arbeitens einzulassen – allerdings tun wir ebenso gut daran, darin nicht restlos aufzugehen. Ein Team ist nur dann gut, wenn jeder Einzelne sich produktiv und konstruktiv einbringt, sich einordnet, sich aber zugleich eine gewisse Widerspenstigkeit bewahrt: seine individuelle Persönlichkeit, seine persönlichen Interessen, seine eigenen Ziele, seine ganz spezielle Rolle.

Teamarbeit bringt uns weiter

Das führt unweigerlich auch zu Konflikten im Team – und das ist gut so, das gehört zum Teamwork wie das Gewitter zum Wetter. Der deutsch-britische Soziologe, Politiker und Publizist Ralf Dahrendorf (1929 bis 2009) hatte in den 1970er Jahren eine *Theorie des sozialen Konflikts* erarbeitet, die drei verschiedene Konfliktlösungsansätze vorstellt.

1. Konfliktunterdrückung Konflikte gelten als Störfaktoren, werden geleugnet und ausgeschaltet. Stattdessen wird Harmonie behauptet. Die Konsequenz: Es entsteht eine Gemeinschaftsideologie, aber keine wirkliche Gemeinschaft, und es kann zu einer plötzlichen Entladung unterdrückter Konflikte kommen.

2. Konfliktlösung Konflikte werden anerkannt, allerdings unter der Prämisse, es gäbe eine *gute* und eine *böse* Konfliktpartei. Der Konflikt wird verschärft, bis das *Gute* gesiegt hat und eine Lösung gefunden ist. Die Konsquenz: Es entsteht eine Diktatur des und der *Guten*, in der Konflikte pseudodemokratisch unterdrückt werden.

3. Konfliktregelung Hier werden Konflikte anerkannt – und zwar als ständig zu regelnde Dauererscheinung, die zu einem demokratisch-pluralistischen System gehören. Die Konfliktparteien gelten als gleich-berechtigt, beide halten sich an vereinbarte Spielregeln. Die Konse-quenz: Kompromisse, die beide Parteien mittragen, und eine stetige Veränderung in kleinen Schritten.

Sicherlich haben Sie schon jede dieser Varianten erlebt und wissen genau, was passiert, wenn einem Team Harmonie verordnet wird, wenn »gute Lösungen« durchgedrückt werden – oder wenn es ein Team fertigbringt, sich produktiv und konstruktiv zu *raufen*. Das ist die anspruchsvollste Arbeitsweise im Team, die anstrengendste, die aufregendste, und die, die uns letztendlich am meisten Spaß macht und am besten weiterbringt: nicht nur den einsamen Spitzenkämpfer, sondern alle gemeinsam.

Teamarbeit macht schnell

Hatten Sie schon einmal Gelegenheit, Teil eines Teams zu sein, das sich tatsächlich selbst steuert? Dann wissen Sie, wie viel Spaß es macht, Entscheidungen selbst zu treffen, statt *Order von oben* abzuwarten, wie schnell das geht – und wie es ist, die Verantwortung tatsächlich selbst zu tragen, als Team. Im Idealfall gibt es keinen Chef mehr, der jedes Detail plant, der kontrolliert und steuert und der Informationen filtert. Und das ist der Grund dafür, dass solche Teams sehr flexibel auf dynamische Anforderungen reagieren können, dass sie das Wis-sen und die Erfahrung ihrer Mitglieder sehr gut nutzen, und dass sie intensiver und effektiver miteinander kommunizieren, kurz: dass sie extrem schnell und wendig sind.

Vorzeige-Teams in Sachen Schnelligkeit sind Feuerwehrleute, Spezialeinsatzkommandos bei der Polizei und Rettungssanitäter: Alle arbeiten mit höchster Konzentration und Aufmerksamkeit auf ein Ziel hin (Feuer löschen, Leben retten) und haben eine gemeinsame Idee davon, wie ihr Einsatz ablaufen soll. Deshalb können sie ihr Handeln sehr schnell anpassen, wenn die Situation es erfordert – wobei das, was hier und jetzt getan werden muss, immer wichtiger ist als das, was in der Dienstbeschreibung jedes Einzelnen steht.

Teamarbeit macht schlau

Je mehr Menschen zusammenarbeiten, die vom Typ her unterschiedlich gestrickt sind, die verschiedene Erfahrungen und Kompetenzen mitbringen, desto intelligenter und kreativer stemmen sie Projekte und lösen Probleme.

Stellen Sie sich eine Band vor – das ist zwar kein Beispiel aus dem Arbeitsleben, so wie die meisten von uns es erleben, aber jeder kann sich darunter etwas vorstellen: In unserer Band also entsteht ein neuer Song. Die Eine liefert den Text, die Nächste hat dazu das passende Gitarrenmotiv, der Dritte spürt den Rhythmus, der Vierte arrangiert die verschiedenen Stimmen zu einem stimmigen Gesamten, der Fünfte weiß, was den Fans (sprich: dem Markt) gefällt, während die Sechste diejenige ist, die immer den richtigen Spruch auf den Lippen oder die richtige Idee im Hinterkopf hat, wenn der Prozess ins Stocken gerät oder die Stimmung zu kippen droht. Zentral ist, dass jeder das, was er kann und weiß, tatsächlich auch im Team einbringt – statt sich vornehm zurückzuhalten und das heimliche Genie zu spielen.

Lassen wir nun die Showbühne hinter uns und gehen noch einen Schritt weiter in der Arbeits- und Organisationspsychologie: Erfahrungen zeigen, dass Teams immer anspruchsvollere Arbeit leisten können und dies immer besser tun, je mehr (konstruktiver) Wettbewerb innerhalb eines Unternehmens herrscht. Dieser Wettbewerb kann sich auf verschiedene Faktoren beziehen: Es gibt Firmen, die im Rahmen ihrer

Qualitätsprogramme dazu aufrufen, Verbesserungsvorschläge einzureichen und umzusetzen oder die Zahl der Produktionsfehler zu senken – wobei die Ergebnisse der Teams auf großen Schautafeln oder im Intranet veröffentlicht werden. In anderen Fällen wird die Zahl der Fortbildungen, der Mitarbeitergespräche, der Jobrotations oder die Qualität der Zusammenarbeit zwischen den Teams gemessen, was wiederum alle anspornt, immer besser zu werden.

Vielleicht haben Sie es schon einmal miterlebt, dass ein Team (Ihr Team?) sich seine Ziele selbst setzen konnte. Herrscht eine konstruktive, produktive Firmenkultur, kann folgender verblüffender Effekt eintreten: Das Team hängt die Messlatte für sich selbst höher, als es ein Chef in einem traditionell hierarchisch organisierten Unternehmen gewagt hätte. Sie sehen also: Wenn Teamarbeit funktioniert, sind die Ergebnisse smarter, als wenn viele Einzelne in ihren Kämmerlein schweigend und allein vor sich hin werkeln.

Teamarbeit macht froh

Nochmal zurück zur Musik: Forscher haben herausgefunden, dass beim gemeinsamen Singen Glückshormone freigesetzt werden, »zum einen das Belohnungs- und Glückshormon Endorphin und zum zweiten eben das Bindungshormon Oxytozin, was den Gruppenzusammenhang zusammenschweißt«, erklärte Musikwissenschaftler Eckart Altenmüller in einem Beitrag für HR2 Kultur.

Sicherlich hat dies etwas mit dem Singen an sich zu tun, aber dennoch gilt auch für andere Tätigkeiten: Gemeinsames Handeln tut uns einfach gut, ja es ist einer der am meisten erfüllenden Faktoren im Leben der Menschen. Eine Herausforderung durch gemeinsamen Einsatz mit anderen gemeistert zu haben, kann Freude und Glücksgefühle erzeugen, die selbst gestandene Männer und Frauen zu Tränen rühren. Wenn Sie es einmal erlebt haben, wie die Geschäftsführung vor versammelter Mannschaft verkündet, dank des gemeinsamen Kraftaktes habe man die Einführung des neuen Produktes noch rechtzeitig geschafft, oder: der Pitch sei gewonnen, oder: die ehrgeizigen Vertriebsziele seien erreicht – dann wissen Sie, was ich meine.

Teamarbeit verbindet

Gemeinsames Erleben verbindet – im Augenblick selbst, wie auch für die Zukunft. Zu Menschen, mit denen wir etwas gemeinsam erlebt, genossen, erkämpft oder auch durchlitten haben, entsteht eine innere Verbundenheit. Sei dies nun eine gemeinsame Reise, eine Schicksalsgemeinschaft, ein Wettkampf oder eben eine Arbeit an einem Projekt im Team: Das Teilhaben und Teilnehmen an einem bestimmten Ereignis schafft eine Verbindung zwischen Menschen jenseits der kognitiven Wahrnehmung – selbst wenn es sich nicht um »sympathische« Artgenossen oder um Gleichgesinnte handelt. Bei allem, was Menschen mit anderen gemeinsam tun, kann eine gleiche Schwingung entstehen. Diese Resonanz mit anderen entsteht dabei unabhängig von einer gemeinsamen Wellenlänge oder gleicher Interessen, sie entsteht aus dem gemeinsamen Tun heraus, das die Teilnehmer verbindet.

Gemeinsames Handeln befriedigt unser Ur-Bedürfnis nach Zugehörigkeit und Geborgenheit. Der Mensch hat ein tiefes im limbischen System verankertes Bedürfnis, mit anderen verbunden zu sein, gewissermaßen einen »sozialen Instinkt«. Gerade in der heutigen Gesellschaftsstruktur, in der das Eingebundensein in einen größeren Familienverband oder in eine Dorfgemeinschaft immer seltener wird, in der Single-, Ego- und Ellenbogenmentalität zunehmend um sich greifen, wird das Bedürfnis nach Geborgenheit und zwischenmenschlicher Bindung immer größer. So wie Einsamkeit und Ausgrenzung auf das Gemüt schlagen, Stresshormone im Körper steigern und das Leistungsvermögen beeinträchtigen, verbessern Zugehörigkeit und Geborgenheit die seelische Verfassung, die Immunabwehr und unsere mentale Kapazität. Diese Zugehörigkeit kann man in seiner Freizeit bei Aktivitäten mit Gleichgesinnten suchen, sei es im Ruder- oder Tanzsportverein, sei es im Umweltschutzverband oder im Kirchenchor. Man kann sie aber genauso am Arbeitsplatz finden; und in einem Unternehmen, in dem es mit der Teamarbeit klappt, möchte man gerne bleiben und kann sich emotional geborgen und gebunden fühlen. Untersuchungen zeigen, dass die Beziehungen zu Kollegen, das Funktionieren von Teams und das gemeinsame »An-einem-Strang-ziehen« maßgeblich für die Arbeitszufriedenheit und die Bindung der Mitarbeiter an das Unternehmen sind. Im Idealfall kann die Firma als symbolische Familie angesehen werden.

Nicht zuletzt schweißt Kooperation zusammen, insbesondere, wenn es gegen einen gemeinsamen Gegner geht. Dann sind Menschen sogar in der Lage, persönliche Rivalitäten und Abneigungen hintanzustellen. Dies illustriert ein bekanntes Experiment von Muzafer Sherif.

Eine Gruppe von 11- und 12-jährigen Jungen fuhr zusammen in ein Zeltlager. Dort wurden sie auf zwei verschiedene Blockhäuser aufgeteilt. Bald begannen sie sich zu hänseln und zu ärgern. Mit der Zeit spielten sich in jeder der Gruppen rüpelige Wortführer nach vorn und der Ton verschärfte sich. Kein Gruppengespräch, kein Treffen zwischen einzelnen Bewohnern der beiden Häuser konnte an dieser Feindschaft etwas ändern. Doch alles änderte sich, als ein Problem auftrat, das nur durch die Zusammenarbeit beider Gruppen zu lösen war: Der Lastwagen mit der Essenslieferung blieb im Schlamm stecken und konnte nur mit vereinten Kräften wieder aus dem Dreck gezogen werden. Danach entschieden sich überraschenderweise alle Jungen dafür, gemeinsam in einem Bus nach Hause zu fahren.

Eine gemeinsame Notlage hilft viel, Zusammenarbeit zu fördern. Manch einer kann sich wohl noch an das bewegende Bild des Händedruckes zwischen Oliver Kahn und Jens Lehmann, den beiden rivalisierenden Torhütern der deutschen Fußballnationalmannschaft erinnern, kurz vor dem entscheidenden Elfmeter-Schießen gegen Argentinien im Jahr 2006.

Und nicht nur kann ein gutes Team bewirken, dass Rivalitäten überwunden werden, in manchen Fällen bilden Rivalen sogar ein gutes Team: In ihrem Buch *Ein Team von Rivalen* schildert die Historikerin Doris Kearns Goodwin, wie der amerikanische Präsident Abraham Lincoln am Vorabend des Bürgerkriegs seinen einstigen Wahlkampfgegner William H. Seward zum Minister berief. Aus Widersachern wurden Freunde; immer wieder suchte Lincoln in den turbulenten Zeiten Sewards Rat. Und wie Lincoln machte im Januar 2009 auch US-Präsident Obama seine einstige Konkurrentin, Hillary Clinton, zur Außenministerin. Vielleicht ein genialer Schachzug, denn vieles spricht dafür, dass dieses Duo einstiger Konkurrenten auf der Weltbühne mehr bewegen kann als ein Freundespaar.

Schluss mit der Teamlüge

In manchen Fällen können Sie im Job alles alleine machen und das auch ziemlich gut hinkriegen – aber wenn Sie gemeinsam arbeiten, werden Ihre Ergebnisse in der Regel besser, smarter und komplexer sein, und Sie werden auch noch mehr Spaß bei der Arbeit haben. Gemeinsam erlebter Flow ist ein ganz großartiges Gefühl!

Wenn Sie aber, um nur ein paar Beispiele zu nennen, in einer High-Tech-Branche wie der Automobilindustrie arbeiten oder in der hoch arbeitsteiligen Medienbranche oder in einem Krankenhaus – dann bleibt Ihnen gar nichts anderes übrig als Teamarbeit. Ärgern Sie sich also nicht länger über die Pappnasen im Team herum, sondern machen Sie das Beste draus – aus sich selbst und aus Ihrem Team!

An der eigenen Teamfähigkeit arbeiten

Teamfähig zu sein, bedeutet, mit anderen gut und gerne zusammenzuarbeiten. Alles was die Zusammenarbeit fördert, fördert die Teamfähigkeit – und diese Fähigkeiten lassen sich ganz gezielt trainieren.

Für beinahe jedes Thema gibt es unzählige Seminare, als interne Schulung in Ihrem Unternehmen oder auf dem freien Seminarmarkt.

Hard Skills:
♦ Arbeitstechniken
♦ Kompetenz im Projektmanagement

Soft Skills:
♦ Kommunikationsfähigkeit
♦ Konfliktfähigkeit
♦ Kritikfähigkeit
♦ Emotionale Intelligenz

Teamfähigkeit lässt sich also lernen. Nutzen Sie die Gelegenheit, einzelne Ihrer Skills auszubauen. Sehr effektiv sind auch Trainings mit Ihrem gesamten Team – vielleicht ergibt sich für Sie die Möglichkeit, einmal an einem solchen *Teamtraining* teilzunehmen, das verschiedene Inhalte haben kann:

In *Rollentrainings* lernen die Teilnehmer, verschiedene Rollen und Perspektiven einzunehmen, um ein Verständnis für die Aufgaben und Pflichten der anderen Mitglieder zu entwickeln. Forschungsergebnisse zeigen, dass solche rollentrainierten Teams sehr viel leistungsfähiger sind als Teams ohne ein solches Training: Sie entwickeln effektivere Kommunikationsstrategien und verfügen über einen höheren Grad an interpersonalem Gruppenwissen.

Unterschiedliche Rollenwahrnehmungen entdecken

Eine wirksame Methode, die Teamfähigkeit jedes Einzelnen zu steigern, besteht in einer offenen *Selbstbild-/Fremdbild-Diskussion* im gesamten Team. Je länger das Team schon zusammen arbeitet, desto größer ist der Effekt. Folgende Punkte können auf der Agenda stehen – und für jedes einzelne Teammitglied geklärt werden:

Selbstbild:
- Welche Funktion hat die gefragte Person im Team?
- Welche ist ihre Rolle?
- Wie schätzt sie ihre Stärken ein?

Fremdbild:
- Wie sehen die anderen Teammitglieder die Funktion dieser Person im Team?
- Wie sehen die Kollegen ihre Rolle?
- Wie schätzt das Team ihre Stärken ein?

Der Effekt: Im Idealfall ergibt sich ein Konsens darüber, wer was kann, wer welche Rolle spielt und welche Funktion im Team übernimmt. So können viele Missverständnisse und Konflikte abgeschwächt oder sogar umgangen werden.

Quelle: angelehnt an http://www.soft-skills.com/sozialkompetenz/teamfaehigkeit/selbstbild/fremdbild.php

Hilfreich kann es auch sein, wenn ein Team *einen gemeinsamen Handlungsleitfaden* entwickelt, der von allen unterschrieben wird, und der zum Beispiel so aussehen kann:

- Wir nehmen uns gegenseitig so, wie wir sind.
- Wir gehen respektvoll und höflich miteinander um.
- Jeder weiß, was der andere macht.
- Wir unterstützen uns gegenseitig.
- Wir tauschen relevante Informationen aus.
- Wir gehen offen mit unseren Fehlern um.
- Wir sprechen Konflikte offen an.
- Jeder engagiert sich für die gemeinsamen Ziele.

Eines muss klar sein: So sehr man auch Team- und Kommunikationsfähigkeit fördern und in Seminaren trainieren kann – die eigentliche Teamkompetenz entwickeln und perfektionieren wir in der Praxis der

Teamarbeit. Wirkliche Teamkompetenz erwirbt man einzig durch die eigenen Erfahrungen am Arbeitsplatz, und zwar umso besser, je professioneller unsere Entwicklung begleitet und rückgemeldet wird.

Team-Konflikte reflektieren

In jedem Team kommt es zu Konflikten, manchmal ganz offen, manchmal auch versteckt – vielleicht auch in Ihrem:

◆ Ein Kollege reißt alle Arbeit an sich und verärgert und demotiviert damit alle anderen. (Denken Sie nur an die bepackte Dame aus dem Eingangsmärchen.)
◆ Eine Kollegin legt faul die Füße hoch, gibt sich überfordert oder stellt sich so ungeschickt an, dass andere die Arbeit übernehmen müssen.
◆ Ein einzelner Querulant hält den gesamten Betrieb auf.
◆ Das Team teilt sich in Untercliquen, zum Beispiel in *Alte Hasen* und *Junge Wilde*, die alles Erdenkliche tun, um sich gegenseitig das Leben schwer zu machen.
◆ Jeder kämpft gegen jeden, weil jeder versucht, auf Kosten der anderen Karriere zu machen.
◆ Die Teamleitung ist schwach und bringt es nicht fertig, die Energie in der Mannschaft zu bündeln.
◆ Die Arbeitsbelastung ist so hoch, dass bei allen die Nerven so blank liegen, dass es ständig zu Streit kommt.

Dies alles sind subjektive Konflikte. Es menschelt. Daneben können Teams sich an objektiven Konflikten aufreiben, und sich zum Beispiel streiten über

◆ Zuständigkeiten,
◆ Abläufe,
◆ Ressourcen,
◆ Ziele.

Das ist Ihnen möglicherweise nur allzu bekannt. Ganz gleich, ob Sie nun Mitglied einer Crew sind oder der Kapitän, Sie haben verschiedene Möglichkeiten, das Team wieder auf Vordermann zu bringen: Sie können den Konflikt mit Ihrem Störenfried direkt ansprechen, oder in der großen Runde, oder zunächst mit dem Teamleiter, vielleicht sogar mit dem Chef-Chef, dem Vorgesetzten Ihres Teamleiters. Wie Sie vorgehen, hängt von Ihrem Naturell ab und davon, welche Tragweite der Konflikt hat, und wie weit er schon eskaliert ist.

Wichtig ist, dass Sie zuerst bei sich selbst aufräumen, und zwar in Ihrem emotionalen Haushalt: Haben Sie Rachegefühle? Fühlen Sie sich verletzt? Erinnert Ihr Kontrahent Sie möglicherweise an eine andere Person, mit der sie heftige Konflikte ausgetragen haben?

Im Zweifelsfall hilft ein Gespräch mit einer neutralen Person aus Ihrem Bekanntenkreis oder, vielleicht besser noch, mit einem professionellen Coach, hier Durchblick zu schaffen und eine Vorgehensweise zu entwickeln, bei der am Ende eine Konfliktlösung herauskommt und nicht ein Haufen zerschlagenes Porzellan.

Hilfe, Trotzanfall!

»Sie haben ja gar keine Ahnung!« – solche Beschimpfungen verwandeln uns manchmal in ein kleines, trotziges Kind, das schmollend abzieht, sich in seinem Zimmer (hier: Büro) verkrümelt und aus Rache den ganzen Tag nichts Vernünftiges mehr tut. Der amerikanische Psychiater Eric Berne hat solche Kommunikationsmuster seit den 1950er Jahren beobachtet, und daraus die Theorie der Transaktionsanalyse (TA) abgeleitet. Ein Kernpunkt des Modells sind drei Ich-Zustände, aus denen heraus ein Mensch reagiert. Er verhält sich wie ein

- ◆ Kind: natürlich, rebellisch oder angepasst,
- ◆ Erwachsener: logisch und der Situation angemessen,
- ◆ Elternteil: fürsorglich oder kritisch.

Im Grunde kann jeder in jede Rolle rutschen. Problematisch wird es vor allem dann, wenn Team-Mitglieder sich in der Position eines 5-Jährigen verfangen, der erwartet, dass ihm Anweisungen gegeben werden, die er dann trotzig unterläuft – oder wenn Kollegen (oder der Chef) sich in die Elternrolle begeben, andere wie eine Glucke unter ihre Flügel nehmen (und dabei deren Autonomie erdrücken) oder übermäßig herummäkeln. Welche Rollenspiele Ihre Kollegen auch immer veranstalten:

♦ Versuchen Sie, bewusst in der Rolle des Erwachsenen zu bleiben. Sie sind weder von Ihrem Chef noch von Ihren Kollegen existenziell abhängig (also kein Kind mehr) und auch nicht für die gesamte Kompanie verantwortlich (als Mutter oder Vater).
♦ Schieben Sie Ihre Emotionen nicht weg, sondern nehmen Sie diese bewusst wahr (»Hilfe, Trotzanfall!«), um sich die Lage klarzumachen.
♦ Gehen Sie im Gespräch auf Distanz (»Was meinen Sie damit?«), oder sprechen Sie direkt an, was Sie bewegt (»Ihre Reaktion irritiert mich!«).

Sich aktiv im Unternehmen vernetzen

In hoch vernetzten Organisationen ist es wichtig, nicht nur innerhalb des eigenen Teams gut vernetzt zu sein, sondern auch über das Team hinaus:

♦ mit anderen Teams entlang der Prozesskette,
♦ mit Schlüsselpersonen aus anderen Abteilungen (Personal, Controlling, Marketing),
♦ mit Zulieferern und auch mit Mitbewerbern,
♦ mit Forschungsinstituten und Hochschulen.

Nur so ist es möglich, kompetente Unterstützung zu bekommen, wenn irgendwo ein Projekt »brennt« oder eine »harte Nuss« geknackt werden muss, sei es in intellektueller oder in technischer Hinsicht – und das auch mal ganz schnell und abseits der vorgezeichneten Dienstwege.

Das ist nicht nur Teamarbeit, sondern auch Flow im größeren Maßstab – und vielleicht so etwas wie die Zukunft der Arbeit.

Fragen zum Selbstcoaching

1. Sehen Sie sich selbst als Teamworker oder eher als Einzelkämpfer?

2. In welchen Bereichen Ihrer Tätigkeit ist Teamarbeit sinnvoll?

3. Was erledigen Sie dagegen besser und effektiver allein?

4. Wann haben Sie Teamarbeit und Kooperation als sehr positiv und erfolgreich erlebt – und sich Ihrem Team tief verbunden gefühlt?

_____

_____

_____

_____

5. Könnten Sie Ihre Teamfähigkeit noch verbessern? Wodurch?

_____

_____

_____

_____

Extra-Coaching für Führungskräfte

1. Wie setzen Sie Teamarbeit ein?

_____

_____

_____

2. Hat sich die Rollenverteilung innerhalb Ihres/Ihrer Teams als erfolgreich erwiesen? Wenn nicht: Was könnten Sie tun, um sie zu optimieren?

_____

_____

_____

_____

3. Wie könnten Sie die Teamfähigkeit Ihrer Mitarbeiter fördern?

4. Werden Sie bei Teamkonflikten schnell aktiv? Wie sorgen Sie dafür, dass die Konflikte konstruktiv und produktiv verlaufen?

5. Honorieren Sie die Leistung von Einzelpersonen – oder die des gesamten Teams?

Sechstes Lügenmärchen

»Lob? Brauche ich nicht!«

Lorbeer macht nicht satt,
besser, wer Kartoffeln hat.

Deutsches Sprichwort

*D*a es für gewöhnlich einige Zeit dauert, bis ein Reisender seinen Fuß von einem Flughafen in ein Flugzeug setzen darf, bleibt es niemandem erspart, seine Wartezeit mit allerlei Nebensächlichkeiten zu füllen: So kann er Riechsächelchen und Klunker in illuminierten Vitrinen bestaunen, er kann sich in der Kunst üben, sich selbst mitsamt seinem Koffer aus Menschentrauben zu lösen, indem er sich am eigenen Haarzopfe in die Höhe zieht (eine alte Geschichte, gewiss...) – oder er kann, heimlich, das Geschwatze der Mitreisenden und des Bodenpersonals belauschen.

In dem Falle, von dem ich Ihnen nun berichten möchte, geschah dies allerdings nicht heimlich. Es war schlechterdings gar nicht möglich, nicht zu hören, was da parliert wurde – so laut und aufdringlich hallte die Unterhaltung zwischen einem Bediensteten und dessen Dienstherrn von der offenen Abfertigungsstelle durch die Wartehalle. Möglicherweise hatte der Herr dieses Szenario mit Bedacht gewählet, um seinen Knecht vor versammelter Kundschaft vorzuführen – und so zu noch mehr Arbeit anzutreiben.

Aus den einleitenden Worten wurde deutlich, dass es dem Knechte in den vergangenen Tagen gelungen war, besonders schwierige Kunden angemessen zu bedienen. »Also, mein Lieber«, schmetterte der Dienstherr durch die Halle, »wie Sie das gemacht haben: Superb! Hätte ich Ihnen gar nicht zugetraut, nach Ihren durchaus durchschnittlichen Leistungen im vergangenen Jahr.« Nun verzog der Herr sein sorgsam gecremtes Gesicht zu einem so breiten Lächeln, dass die goldenen Brücken seiner hintersten Backenzähne hervorblitzten. »In Ihnen scheint ja doch etwas mehr zu stecken als ein gescheiterter Kleiderständer für unsere Dienstuniform«, setzte er seine Lobesrede giftig fort. »Vielleicht werden wir Ihr bescheidenes Gehalt bei Gelegenheit einmal etwas aufbessern, oder wir wählen Sie zum Knecht des Jahres – mal sehen, hä hä ... Aber heben Sie jetzt bloß nicht ab, bilden Sie sich ja nichts ein. Los, los! An Ihrem Schalter warten schon wieder

mindestens hundert Passagiere! Nur nicht nachlassen! Ich zähle
auf Ihre Dienste, enttäuschen Sie mich nicht!«
    Der Flughafenmitarbeiter lächelte gequält und sah aus, als ob
er sich entweder gerne in Luft aufgelöst hätte oder im Erdboden
versunken wäre. Er litt schreckliche Seelenpein, und ich war drauf
und dran, ihn zu packen und aus seiner misslichen Lage zu retten.
Doch fühlte ich mich selbst sehr elend. Und nicht nur ich: Die ver-
giftete Lobrede hatte nicht nur auf den Bediensteten wie ein ver-
dorbener Wein gewirkt. Auch viele der umstehenden Passagiere,
die sich dem Vortrag des Herrn nicht entziehen konnten, liefen
grünlich an vor Ekel. Hinter vorgehaltenen Nasentüchlein konnte
man den einen oder die andere flüstern hören: »Nächstes Jahr
fahren wir wieder in den Harz.«

Kein Lob, nirgends

Lob und Anerkennung stehen hierzulande unter Generalverdacht. Auf
der einen Seite fürchten Führungskräfte, gelobte Mitarbeiter verfie-
len postwendend in Faulheit und führen daher sicherheitshalber nach
dem Motto: »Nicht geschimpft ist auch gelobt.«
    Auf der anderen Seite stehen Manager, die zwar durchaus loben,
das Lob dabei aber als Manipulationswerkzeug missbrauchen. »Lob-
wüste Deutschland«, schreibt das Nachrichtenmagazin *Focus* im Sep-
tember 2008 dazu, und zitiert eine Studie der Hans-Böckler-Stiftung,
nach der sich rund 60 Prozent der deutschen Arbeitnehmer in ihrem
Beruf nicht ausreichend gewürdigt fühlen.
    Der Düsseldorfer Medizinsoziologe Johannes Siegrist, der sich seit
Jahren mit der ungesunden Verquickung von hoher Arbeitsbelastung
und geringer Anerkennung beschäftigt, hat für diesen Missstand auch
ein schönes Wort gefunden: *Gratifikationskrise.* Der Begriff mag dabei
nahelegen, dass es primär um Geld gehe und sich der Mangel an Anerkennung in einer unzureichenden Bezahlung manifestiere. Aber das

täuscht. Der Begriff »Gratifikation« umfasst in diesem Kontext nicht nur die Entlohnung, sondern auch Faktoren wie die zwischenmenschliche Anerkennung und die Entwicklungsmöglichkeiten im Job.

Beides bleibt in hiesigen Unternehmen häufig auf der Strecke. Doch ist es nicht angesichts der realen Arbeitsbedingungen geradezu vermessen, neben Geld auf dem Konto und annehmbaren Arbeitsbedingungen auch noch um Lob und Anerkennung zu kämpfen?

Lob hat schlechte Karten

Der Einzelne ist in unserem arbeitsteilig agierenden Wirtschaftssystem letztlich nur ein Rädchen unter vielen Millionen anderen, und die Konkurrenz um die knappe Ressource Aufmerksamkeit ist hoch. Anders als einem Handwerker, der – früher wie heute – am Ende das fertige Werkstück in Händen hält und Resonanz von seinem Kunden bekommt, ist diese Quelle der Rückmeldung dem Großteil der Beschäftigten heute unzugänglich. Was man tut, basiert auf einem Arbeitsplan, den andere ausgearbeitet haben – und wenn alles funktioniert, dann wird das bisweilen eher dem gut ausgedachten Plan zugeschrieben als den Fähigkeiten derjenigen, die ihn umgesetzt haben.

Und wenn durch alle Hierarchiestufen ein Zeichen der Anerkennung von oben nach unten dringt, dann muss man von Glück sprechen, wenn es dann auch alle, die es angeht, erreicht. Es ist nicht ganz unwahrscheinlich, dass die »Anerkennungs-Hotline« an irgendeiner Stelle (meist sogar unabsichtlich im Tagesgeschäft) unterbrochen wird.

Ein Problem, das übrigens nicht auf einer Einbahnstraße läuft, es funktioniert auch umgekehrt – nicht. Denn bis in einem größeren Unternehmen mit mehreren 1000 oder 10 000 Beschäftigten ein Mitarbeiter des mittleren oder gehobenen Managements von Heldentaten am Fließband erfährt, kann Zeit vergehen – möglicherweise verschwindet auch die ganze Information in den Nachrichtenkanälen. Das mag nun nicht für alle Unternehmen gelten, es gibt zahlreiche positive Beispiele, in denen ein ausgeklügeltes Berichtssystem dafür sorgt, dass anerkennenswerte Leistungen auch tatsächlich anerkannt werden. Fakt ist aber: Die Wahrscheinlichkeit, dass wir alle im Arbeitsleben eher zu wenig als zu viel Lob und Anerkennung erhalten, ist in Anbetracht der standardisierten Abläufe hoch.

Dabei zeigt sich der Mangel auf den verschiedenen Hierarchieebenen unterschiedlich: Spitzenmanager haben häufig noch am wenigsten Probleme, sie organisieren sich die Anerkennung einfach selbst, wie die Unternehmensberaterin Dorothee Echter sagt. Sie schaffen sich ein Umfeld, in dem sie ausreichend Anerkennung bekommen.

Sehr schwer mit der Anerkennung tun sich dagegen die Mitarbeiter des mittleren Managements, ausgerechnet die Ebene, die für anerkennende Handlungen gegenüber dem weiten Feld der »arbeitenden Klasse« zuständig wäre. Manager auf der mittleren Ebene leiden häufig unter ihrer Sandwichposition: Sie erhalten selbst wenig Lob und Anerkennung von oben, stehen unter erheblichem Druck und bangen um ihre mühsam erarbeitete Autorität. Lob, so fürchten sie, könnte den Mitarbeitern ja zu Kopf steigen und sie übermütig machen. Für den einzelnen Arbeitnehmer bedeutet das in der Regel: Es ist eher unwahrscheinlich, Lob und Anerkennung in dem Umfang zu erhalten, wie es eigentlich gewünscht und notwendig wäre. Selbst wenn wir all das leisten, was von uns erwartet wird, und sogar noch manches darüber hinaus: Es wird im Tagesgeschäft untergehen.

Ist es da nicht besser, sich den Wunsch nach Anerkennung gleich abzuschminken? Könnten wir uns so vor den unerwünschten Nebenwirkungen von gehudeltem oder vergiftetem Lob nicht auch viel besser schützen?

Lob geht schnell nach hinten los

Spätestens seit der Entzauberung des *Mythos Motivation* durch Managementtrainer Reinhard K. Sprenger gilt Lob als gefährlich.

Sprenger ist überzeugt, dass die Nachteile des Lobens – Gerechtig-keitsprobleme, Förderung einer passiven Haltung und Sucht nach immer neuer Anerkennung – die Vorteile weit überwiegen und plä-diert daher dafür, im Zweifel lieber nicht zu loben. Der Soziologe Dirk Baecker geht noch weiter: »Obszön« sei Lob in seiner Zudringlichkeit, in seiner Tendenz, den Gelobten zu infantilisieren und könne sogar beleidigen, wenn es von der falschen Person kommt.

Was an dieser Annahme wohl richtig ist: Lob und wirksame Aner-kennung sind in der Praxis schwerer umsetzbar, als es auf den ersten Blick scheinen mag. Die Kunst besteht darin, die feine Grenze zwischen ernst gemeinter Anerkennung und Manipulation zu wahren.

Die Wissenschaft fasst dieses Problem im so genannten »Meyer-Paradigma« zusammen. Der Psychologe Wulf-Uwe Meyer fand in Experimenten mit Schülern heraus, dass es einen Zusammenhang zwischen der gestellten Aufgabe und der Intensität des Lobes gibt: Fällt die Anerkennung für eine relativ leichte Aufgabe zu über-schwänglich aus, wird dies als Akt der Manipulation gewertet und wirkt kontraproduktiv. Werden Kinder – wie dies heute nicht selten zu beobachten ist – weich in Lobeswatte eingepackt und für jede Selbstverständlichkeit, insbesondere aber gerne auch ganz allgemein für ihre Existenz an sich mit Anerkennung überschüttet, so kann dies ebenfalls unerwünschte Ergebnisse mit sich bringen. Untersuchun-gen der US-amerikanischen Psychologin Carol Dweck haben gezeigt, dass derart gelobte Kinder aus Angst zu versagen schwierigere Auf-gaben meiden und bei Problemen schneller aufgeben als Kinder, die anlassbezogen eine positive Reaktion auf ihre einzelnen Bemühun-gen erhielten.

Lob hat eine bewegte Vergangenheit

Unsere Unsicherheit in Bezug auf Lob könnte übrigens nicht nur psy-chologisch, sondern auch historisch bedingt sein. Denn es ist durch-aus nicht so, dass Lob und Anerkennung schon immer in der Form stattfanden, wie wir sie heute kennen. Geändert hat sich vor allem die Zielrichtung. Jahrhunderte hindurch lobte man von unten nach oben: Die mythischen Helden in der Antike, den hochwohlgeborenen Herrscher im Mittelalter, den lieben Gott im »Gotteslob«. In diesem Sinne verstanden ist Lob eine Geste der Unterwerfung, ein Einfügen in eine hierarchische Gesellschaftsstruktur und gleichzeitig eine Anerkennung dieser Gegebenheiten. Viele Volksweisheiten (»Des Pöbels Lob hält nicht die Prob«) und Aphorismen (»Wundert euch nicht, dass jemand, der übel riecht, es gern hat, wenn man ihn beweihräuchert«, Stanislaw Jerzy Lec) spiegeln diese Vergangenheit auch heute noch wider.

Lob von oben nach unten – so wie wir es heute meist verstehen – hat seinen Ursprung im Menschenbild der Renaissance, einer Zeit, in der sich das Individuum langsam seiner selbst bewusst wurde, Selbstwertgefühl und Selbstbewusstsein entwickelte und als Person wahrgenommen und gewürdigt werden wollte. Diese zunehmende Individualisierung, die zumindest in der westlichen Gesellschaft heute einen hohen Grad erreicht hat, ging aber auch einher mit einem langsamen Verlust fester Strukturen – sowohl in der Familie wie auch im gesellschaftlichen Zusammenleben an sich. Der Mensch früherer Zeiten war eingebunden in stabile familiäre, soziale und religiöse Strukturen. Beachtung musste er sich nicht täglich neu erkämpfen, er bekam sie täglich qua Zugehörigkeit zu diesen Gruppierungen.

Möglicherweise stellt die Suche nach Anerkennung heute auch eine Suche nach den verloren gegangenen, Sicherheit gebenden Strukturen dar – und wird damit zum Ersatz für festgefügte Formen menschlichen Zusammenlebens. Das vermutet zumindest die Kulturwissenschaftlerin Heidi Keller von der Universität Osnabrück. Sie begründet dies mit Beobachtungen aus anderen, vor allem asiatischen und afrikanischen Kulturkreisen, in denen Clan- und Dorfstrukturen noch festgefügt sind und Kinder in festen Rollenmustern erzogen werden. Dort ist Loben in unserem Sinne eher unbekannt und bewirkt mehr Verunsicherung als Aufmunterung.

Warum wir Anerkennung brauchen wie die Luft zum Atmen

Wenn Anerkennung in Unternehmen ohnehin untergeht, schwer zu dosieren und auch noch historisch vorbelastet ist, sollten wir dann nicht konsequent darauf verzichten?

Die Antwort ist kurz: Nein. Wir sollten nicht auf Anerkennung verzichten, nur weil wir in einem Umfeld leben und arbeiten, das sich mit Anerkennung schwer tut. Wir sind keine Arbeitsroboter, sondern Menschen, die auf andere Menschen bezogen sind. Wenn wir in dem Bereich, dem wir einen Großteil unserer Zeit widmen, nach Anerkennung und Bestätigung suchen, ist das ganz natürlich und sehr menschlich. Und es ist auf der anderen Seite umso schädlicher, wenn uns diese Anerkennung auf Dauer versagt bleibt.

Keine Beachtung zu finden, von den anderen nicht angemessen gewürdigt zu werden, führt auf Dauer zu einem unbefriedigenden Gefühl der Leere. Das Gehirn reagiert auf mangelnde Anerkennung ganz ähnlich wie auf eine Überforderungssituation: Registriert es ein dauerndes Missverhältnis zwischen dem eigenen Einsatz und der Gegenleistung – egal ob in Form von Geld oder anderer Anerkennung –, so wertet das Gehirn dies als Stresssituation und schüttet Stresshormone aus. Hält dieser Zustand länger an und bekommt der Körper keine Gelegenheit, sich von den Stresszuständen zu erholen, kommt es zu den bekannten Folgen: Herz-Kreislauferkrankungen, Magenprobleme, Depression.

Arbeitnehmer, die unter mangelnder Anerkennung leiden, haben gegenüber anderen Beschäftigten ein doppelt so hohes Risiko, einen Herzinfarkt zu bekommen oder an einer Depression zu erkranken. Die Gefahr erhöht sich noch, wenn mehrere Gratifikationsdefizite zusammentreffen: Wer wenig verdient, nur geringe Aufstiegsmöglichkeiten hat und sich aufgrund häufiger Umstrukturierungen im Betrieb immer wieder an neue Vorgesetzte anpassen muss, die kaum in der Lage sind, die Leistungen ausreichend zu würdigen, der findet an seinem Arbeitsplatz eine Reihe von Stressfaktoren vor, die auf Dauer nicht gesund sind.

Faktoren der Anerkennung

Die Suche nach Lob und Anerkennung ist – so scheint es – ein tief verwurzeltes menschliches Urbedürfnis (so formuliert es Richard Layard), Ausdruck des Antriebes, sich gegenseitig Zuwendung und Aufmerksamkeit zukommen zu lassen und harmonisch zusammenzuleben.

Dabei kann Anerkennung unterschiedlich aussehen – und aus verschiedenen Richtungen kommen: von oben, von außen und von innen. Fangen wir oben an.

Von oben Die Anerkennung durch den Vorgesetzten ist uns, auch wenn wir längst erwachsen sind, oft genauso wichtig, wie uns das Lob unseres Vaters oder unserer Mutter war. Je nachdem, in welchen Rahmenbedingungen wir arbeiten, kann »oben« auch ein Kunde sein, ein Auftraggeber, der Doktorvater, ein ausgewiesener Experte, vielleicht auch eine Jury. Dabei kann die Form der Anerkennung ganz unterschiedlich sein: ein gutes Gehalt oder Honorar, eine Bonuszahlung, ein Mehr an Verantwortung, Budget oder Personal, ein Preis, eine öffentliche Würdigung.

Von außen Ausdrückliches Lob, Gesten der Wertschätzung, aufmunternde Worte von Kollegen – das ist Lob von außen. Ein nicht zu unterschätzender Faktor ist übrigens auch die Tätigkeit selbst. Auch unsere Arbeit kann uns Rückmeldung geben, sei es durch einen quasi »eingebauten Leistungsmaßstab« wie eine Stückzahlvorgabe oder ein bestimmtes Qualitätsniveau oder auch nur in Form einer To-do-Liste, die wir abhaken. Gelingende Arbeit steigert unser Selbstwertgefühl.

Von innen Und schließlich kann es auch sein, dass wir uns selbst auf die Schulter klopfen, uns selbst Anerkennung zusprechen, sozusagen »Lob von innen« geben. Das könnte eine der wertvollsten Quellen sein, denn sie macht uns unabhängig von äußeren Faktoren, auf die wir oft keinen Einfluss haben.

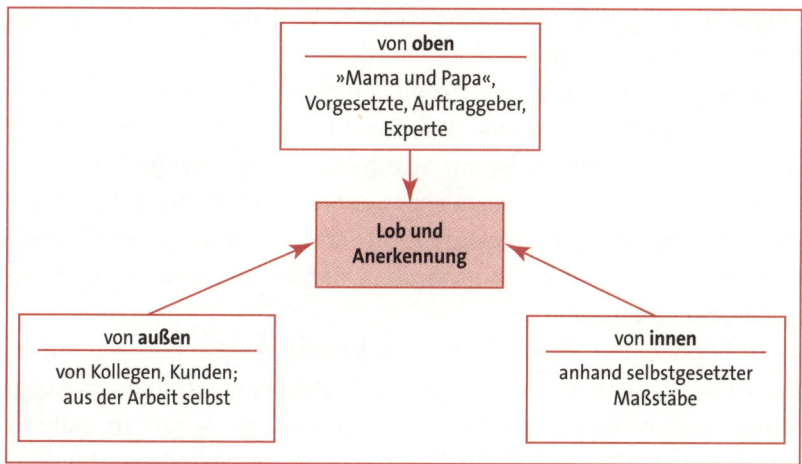

Faktoren der Anerkennung

Schauen wir uns diese Quellen der Anerkennung deshalb nun etwas genauer an, vor allem die Frage, wie wir diese wichtigen Faktoren der Arbeitszufriedenheit beeinflussen können.

Anerkennung macht uns gut

Ohne Anerkennung verkümmern wir. Bekommen wir aber positives Feedback, werden wir doppelt belohnt: erstens durch die Anerkennung selbst, und zweitens durch unsere neurobiologischen »Glücksboten«: Dopamin, Endorphine, Opioide.

Um diese Stoffe in Partystimmung zu bringen, reichen kleine Dosen der Anerkennung offenbar aus: In einem Versuch, den die US-amerikanische Psychologin Alice Isen durchführte und den auch Stefan Klein in seinem Buch *Die Glücksformel* beschreibt, wurden den Probanden – allesamt Ärzte – zu Beginn des Experiments ein paar kleine Aufmerksamkeiten gereicht: Bonbons, wenige Münzen und ein paar aufmunternde Worte. Anschließend wurde ihnen eine Person vorgestellt, die einige Symptome einer Krankheit schilderte; Aufgabe war es nun, die richtige Diagnose zu stellen.

Das erstaunliche Ergebnis: Diejenigen Probanden, die vor dem Experiment ein kleines Geschenk erhalten hatten, benötigten im Schnitt nur halb so viele Schritte bis zur richtigen Diagnose wie die Ärzte einer Vergleichsgruppe, die ohne die eher bescheidenen Aufmerksamkeiten antraten. Ein verblüffendes Ergebnis, schließlich waren die Gaben doch bei weitem nicht so groß, dass daraus ein Motivationsschub abgeleitet werden könnte.

Zu beobachten allerdings war etwas anderes: Bei der »beschenkten« Ärztegruppe konnte ein leicht angehobener Dopaminspiegel festgestellt werden. Dopamin – das wurde hier schon an anderer Stelle dargestellt (siehe S. 80 ff.) – hat eine Art »Schmiermittelfunktion« für das Gehirn: Informationen werden leichter und schneller verarbeitet, die Konzentration und überhaupt die Leistungsfähigkeit steigen. So halten kleine Geschenke also nicht nur eine Freundschaft aufrecht, sondern beschleunigen auch das Denken und die Kreativität.

Allerdings: Das System funktioniert nicht ad infinitum – wichtig ist, dass der Anerkennung ein Überraschungsmoment innewohnt. Rechnet der Gelobte damit, nutzt sich der Effekt ab, anders gesagt: Das Belohnungssystem zündet dann nicht richtig, die Dopaminausschüttung bleibt aus. Tritt also ein Gewöhnungseffekt ein, dann verpufft die Wirkung. Umgekehrt: Je überraschender und unmittelbarer die Anerkennung ausfällt, desto wirkungsvoller ist sie.

Geld ist kein Ersatz für Anerkennung

Ein Paradebeispiel für den Gewöhnungseffekt ist die Gehaltserhöhung. Denn Geld ist wohl der Anerkennungsfaktor, den die Praxis der Arbeitswelt für das effektivste Mittel zur Überwindung der Gratifikationskrise hält – auch wenn sie ihn dann nur ungern anfasst, schließlich kostet er das Unternehmen: Geld.

Vordergründig betrachtet hat Geld in der Tat den Charme der schnellen Wirksamkeit. Der Mitarbeiter, der 10 Zentimeter größer das Büro seines Vorgesetzten verlässt, weil er gerade eine Gehaltserhöhung von 250 Euro erhalten hat, stimmt auch den Chef selbst fröhlich – nur hält das meist bei beiden nicht lange an. Beim Mitarbeiter schon deshalb nicht, weil ihm die nächste Lohnabrechnung möglicherweise klarmacht, dass die 250 Euro brutto wegen einiger ungünstiger Beitragssprünge eben doch nur 120 Euro netto ausmachen – wenn überhaupt. Und an das, was tatsächlich auf dem Konto eingeht, gewöhnen wir uns meist sehr schnell, zu schnell, als dass daran eine dauerhafte Motivation anknüpfen könnte (siehe zum verhängnisvollen Effekt der Gewöhnung schon S. 26 ff.).

Und wenn wir das Gefühl haben, dass die lieben Kollegen grundlos mehr bekommen als wir, dann ist die Motivation völlig dahin. Denn: Ein System, das leistungsorientierte Elemente enthält, muss transparent und nachvollziehbar sein. So lehnten zum Beispiel bei einer Befragung im Jahr 2008 gut 70 Prozent der Beschäftigten der Stadt München das erst kurz zuvor eingeführte leistungsorientierte Prämiensystem ab, unter anderem, weil die Zuteilung der Prämien weniger von der individuellen Leistung als vom Gutdünken der Vorgesetzten abzuhängen schien. »Ein Lob, das niemand haben will«, schrieb die *Süddeutsche Zeitung* zu diesem Befund, der deutlich macht, dass Geld als Mittel der Anerkennung ein zweischneidiges Schwert ist.

Blühen Sie auf!

Wir brauchen ein gerechtes Gehalt, wir brauchen ehrliche Anerkennung. Dann sind wir gut, und dann geht es uns gut. Untersuchungsergebnisse zeigen, dass Aufstiegschancen im Unternehmen bis zu 90 Prozent von äußeren Faktoren abhängen – vom Image, vom Gesehenwerden und Auffallen.

Aufmerksamkeit ist nicht nur ein wichtiges Mittel für den beruflichen Aufstieg und überhaupt für die Zufriedenheit bei der Arbeit, sondern auch ein Spiegel für unser Selbstbild. Fehlt die Beachtung anderer, werden wir nicht angemessen wahrgenommen, dann fühlen wir uns leer und nicht existent, wir verkümmern.

Zu trauriger Berühmtheit ist in diesem Zusammenhang ein Experiment aus dem 13. Jahrhundert gelangt, das dem Stauferkaiser Friedrich II. zugeschrieben wird. Um herauszufinden, welche Sprache Kinder ohne Beeinflussung von außen erlernen, sollten zwei Kinder ohne irgendeine Form menschlicher Zuwendung und Aufmerksamkeit aufgezogen werden. Sie erhielten Nahrung und Kleidung – sonst nichts. Der Ausgang des Experiments ist allgemein bekannt: Es misslang gründlich, beide Kinder starben.

Jeder braucht Anerkennung – auch Sie

Doch wie bekommen Sie Anerkennung, ohne auf plumpe Methoden wie »Fishing for Compliments« zurückgreifen zu müssen?

Nun, es gibt immer ein paar begnadete »Trommler« unter den Kolleginnen und Kollegen, die sich um ein Zuwenig an Aufmerksamkeit und Anerkennung keine Sorgen machen müssen. Wahrscheinlich finden Sie in Ihrem beruflichen Umfeld auch das eine oder andere Beispiel dafür. Sich an diesen Selbstdarstellern ein Beispiel zu nehmen, läge angesichts des erzielten Erfolges vielleicht manchmal gar nicht so fern. Freilich liegt diese laute Tour nicht jedem, und möglicherweise ist sie im Berufsalltag auch manchmal nicht ganz passend. Es gibt aber auch ein paar leisere Töne auf dem Weg zu etwas mehr Beachtung und Aufmerksamkeit – sicher ist unter den folgenden Tipps, die sich auf den Sozialpsychologen Hans Dieter Mummendey stützen, etwas dabei, das Sie ohne allzu große Selbstverbiegung anwenden können.

Betreiben Sie Werbung in eigener Sache Verstecken Sie sich nicht zu sehr hinter Ihrem Schreibtisch, stellen Sie Ihre Erfolge und Handlungen ruhig ein wenig mehr heraus. Warum soll Ihre Chefin oder der Abteilungsleiter nicht erfahren, wenn Ihnen etwas gut gelungen ist? Natürlich wäre es schöner, wenn die Firmenleitung von selbst auf Sie zukommt und Ihre Leistungen lobt. Aber es ist nicht schädlich, ein wenig nachzuhelfen und die Aufmerksamkeit auf sich zu lenken. Das sollte natürlich nicht anbiedernd oder selbstverliebt klingen. Machen Sie Ihrem Vorgesetzten klar, dass Sie selbst Ihren Teil zum Gelingen des Unternehmensziels beitragen und auf eine Rückmeldung hoffen.

Suchen Sie sich für den Anfang einen Bereich aus, der nicht nur Ihr ganz persönlicher Erfolg ist (also nicht: 14 Tage nicht zu spät gekommen), sondern der auch von Ihrem Vorgesetzten als (sein) Erfolg angesehen werden kann (das Teamprojekt mit drei ganz bestimmten Beiträgen zu einem erfolgreichen Ende gebracht).

In diesem Zusammenhang ist es wichtig, immer auf dem Boden der Tatsachen zu bleiben. Sie brauchen Ihre Erfolge nicht künstlich abzuwerten – es hilft aber auch nicht, wenn Sie kontinuierlich mehr scheinen, als Sie tatsächlich sind. Schummeln in eigener Sache ist vor allem dann nützlich, wenn Sie damit kleinere persönliche Schwächen überspielen können – ein fachliches Defizit wird immer irgendwann auffallen.

Signalisieren Sie Kompetenz Wenn Sie unter einem Anerkennungsdefizit leiden, kann es helfen, die eigenen Fähigkeiten und Qualitäten deutlicher herauszustellen. Natürlich: Understatement gilt als vornehm, setzt aber voraus, dass ein Gegenüber vorhanden ist, der von Ihren wahren Kenntnissen weiß und Ihre Zurückhaltung entsprechend würdigen kann. Im Unternehmensalltag könnte es hingegen sein, dass Ihr Understatement als das verstanden wird, was es auf den ersten Blick auch sein könnte: Unsicherheit, mangelndes Selbstvertrauen, geringe Einsatzfreude. Wer hingegen hohe Ansprüche an sich und andere und Vertrauen in seine Fähigkeiten signalisiert, weckt auf angenehme Weise das Interesse und bahnt sich so möglicherweise den Weg zu mehr Anerkennung.

Auch hier gilt: Authentisch und bei der Wahrheit bleiben! Wer kontinuierlich das Betriebssystem seines Rechners zum Absturz bringt, ist vielleicht doch nicht der begnadete Computerexperte – eine gesunde Selbstwahrnehmung hinsichtlich seiner eigenen Fähigkeiten ist also auf jeden Fall Voraussetzung für diese Art der Eigenwerbung.

Demonstrieren Sie Glaubwürdigkeit Verlässlichkeit, Zuverlässigkeit und Vertrauenswürdigkeit sind Eigenschaften, an die sich – zumal in schwierigen Zeiten – Vorgesetzte gerne erinnern. In der Regel sind das keine anerkennenswerten Leistungen an sich, aber diese Eigenschaften verschaffen Ihnen ein positives Image, das langfristig die gewünschte Anerkennung bringen kann.

Seien Sie offen für andere Wer sich selbst ein wenig für andere öffnet, wird interessanter – und verpflichtet sein Gegenüber, auch etwas mehr von sich preiszugeben. Das sollte weder zu einer hemmungslosen Lebensbeichte werden (dann wird man eher verletzlich als anerkannt) noch in plumpe Einschmeichelei ausarten (die meist schnell als Mittel des Anbiederns durchschaut wird). Gezielt eingesetzt, lenkt diese Methode die Aufmerksamkeit auf die eigene Person und erhöht damit die Wahrscheinlichkeit, besser wahrgenommen und für seine Leistungen auch gelobt zu werden.

Geben Sie sich selbst Anerkennung

Sich selbst die notwendige Anerkennung für seine Tätigkeit zu zollen, bringt zweifelsfrei den Vorteil größtmöglicher Unabhängigkeit mit sich. Ohne Warten auf ein lobendes Wort vom Chef oder der Kollegin, ohne Abhängigkeit von veränderlichen Faktoren im außen, ist diese Form der Anerkennung immer und dann auch noch in ausreichender Dosierung verfügbar. Bestimmte Berufsgruppen beziehen ihre Motivation zu beachtlichen Teilen aus innerer Belohnung: Wissenschaftler, Künstler oder auch Unternehmer gehören dazu. Freilich setzt diese Form der Anerkennung eines voraus: ein stabiles Selbstvertrauen. Wer damit durchs (Arbeits-)Leben geht, so die Psychotherapeutin Melanie

J. V. Fenell, scheut sich nicht vor Neuem, der sucht Herausforderungen und geht diese in der Überzeugung, eine passable Lösung zu finden, an. Selbstvertrauen schafft eine hohe Frustrationstoleranz und Durchhaltevermögen, Niederlagen werden eher als Chancen begriffen und Misserfolge führen allenfalls zu einem kurzen Innehalten, aber nicht zur Aufgabe. Kurz: Wo Selbstvertrauen ist, kommt die innere Anerkennung nicht zu kurz.

Das Problem ist nur: Nicht jedem ist ein derart hohes Maß an Selbstvertrauen gegeben. Leider wird oft schon in der frühen Kindheit am Fundament eines gesunden Selbstbewusstseins eine Menge falsch gemacht, so zum Beispiel durch ein überzogenes Anspruchs- und Leistungsdenken. Die Folge: Viele haben auch im späteren Leben einiges an sich selbst auszusetzen. Sie zweifeln an ihren Fähigkeiten und gehen aus Angst vor Misserfolgen schwierige Herausforderungen erst gar nicht an. Kollegen und Vorgesetzte neigen dann dazu, diese Mitarbeiter zu unterschätzen und ihnen geringe Kompetenz zuzugestehen. Weil niemand für sie trommelt – am wenigsten sie selbst –, bleiben sie gewissermaßen unentdeckt und haben keine Gelegenheit zu zeigen, was sie eigentlich können. Damit bleibt aber auch ein Faktor aus, auf den Menschen mit schwächerem Selbstbewusstsein ganz besonders angewiesen sind: Bestätigung von außen. Ein Teufelskreis also: Zweifel am eigenen Können führt zu Untätigkeit, die Anerkennung von außen bleibt aus, das Selbstwertgefühl bekommt wieder eine kleine Delle mehr.

Auch wenn die Grundlagen für ein starkes Selbstbewusstsein in der Kindheit gelegt werden: Es bleibt ein Leben lang formbar, und in Bezug auf den Job können ein paar einfache Überlegungen dazu führen, mehr Vertrauen in die eigenen Fähigkeiten zu gewinnen – und sich dann auch selbst mehr Anerkennung zuzugestehen für besonders gute oder auch einfach nur alltägliche Leistungen.

Geht es darum, dem Selbstwertgefühl Nahrung zu geben, kann es sehr hilfreich sein, den Fokus auf die eigenen Stärken zu richten. Das entspricht natürlich so rein gar nicht der üblichen Betrachtungsweise: Oft sehen wir uns nur mit dem konfrontiert, was wir *nicht* beherrschen. Wenn wir eine Arbeitsplatzbeschreibung vor uns haben, haken wir die Punkte, die uns keine Probleme machen, schnell ab (etwa: überdurchschnittlicher Ausbildungsabschluss, fünf Jahre Berufserfahrung, Englisch verhandlungssicher, MS-Office rauf und runter, krisenerprobte Kommunikationsfähigkeiten, bewährtes Organisationsgeschick, praktische Erfahrungen in Betriebspsychologie, insbesondere im Umgang mit schwierigen Chefs und Kollegen) – und halten uns an den zwei oder drei Punkten auf, die Probleme machen könnten: keine zweite Fremdsprache, kein längerer Auslandsaufenthalt während des Studiums, keine Zusatzqualifikationen in irgendeinem Computerprogramm. Rückmeldung von außen aber bekommen wir auch immer nur zu dem einen kleinen fehlerhaften Punkt in unserer Präsentation, und da sind sie dann wieder: die Selbstzweifel, ob wir dem Job wirklich gewachsen sind, und die Frustration, die aufkommt, wenn man es doch nie jemandem recht machen kann.

Das kann ich wirklich gut!

Wirken Sie diesem Mechanismus gezielt entgegen: Nehmen Sie sich jetzt mindestens 15 Minuten Zeit und notieren Sie, was Sie alles in Ihrem Beruf gut beherrschen.

Vielleicht nehmen Sie sich als Checkliste dafür wirklich Ihre Stellenbeschreibung zur Hand; dann haben Sie einen Leitfaden, an dem Sie sich orientieren können. Oder Sie gehen Ihre Projekte der letzten Monate durch und überlegen, was Ihnen dabei gut gelungen ist.

Wahrscheinlich kommen Sie auf eine ganze Reihe von Pluspunkten, und möglicherweise werden Sie über den einen oder anderen sehr erstaunt sein, weil Sie ihn noch nie so betrachtet haben.

Gehen Sie dieses Thema immer wieder an. Wie wäre es, wenn Sie sich ein kleines Notizbuch zulegen, in dem Sie –

vielleicht als kleines Ritual am Anfang der Woche – all das sammeln, was Sie wirklich gut können?

Sie könnten auch wirklich gute Kollegen, Freunde oder enge Familienmitglieder fragen: »Was schätzt du an mir?« Diese kleine Frage löst oft sehr schöne und intensive Gespräche aus – und setzt sehr viel Energie frei (mitunter auch Tränen der Rührung, aber auch das kann ja manchmal gut tun).

Raus aus der Vergleichsfalle

Die Überlegungen zum Thema Geld haben gezeigt: Vergleichen ist problematisch. Und dennoch vergleichen wir uns ständig mit anderen. Auch unser Selbstwertgefühl und das Maß der inneren Anerkennung, die wir uns zugestehen, ist zu einem beträchtlichen Teil das Ergebnis eines Vergleichsvorganges. An dem Mechanismus selbst können wir nicht allzu viel ändern – wohl aber am Vergleichsmaßstab. Üblicherweise blicken wir bei unseren Vergleichen gerne nach oben: zu den Kollegen, die mehr verdienen, zu Freunden und Bekannten, die – obwohl gleich alt – schon zwei Schritte weiter sind auf der Karriereleiter. Dieses Verhalten macht vor dem Hintergrund des Flowmodells Sinn, nach dem ja gerade die Herausforderungen die größten Erfolgserlebnisse versprechen, die ein klein wenig über unseren Fähigkeiten liegen (aber gerade noch machbar sind) und zu denen wir uns anfänglich ein wenig überwinden müssen. Für unser Selbstwertgefühl allerdings kann es hin und wieder lohnenswert sein, den Blick auch mal ein wenig zu senken und nach unten zu schauen, also: uns mit Mitarbeitern zu vergleichen, die in der Hierarchie ein klein wenig unter uns stehen oder Ziele anzupeilen, die zu 100 Prozent im Rahmen unserer Fähigkeiten liegen.

Nicht als Dauerlösung, eher schon als Mittel der Bewusstwerdung: Wer Probleme hat, sich selbst Anerkennung zu zollen, der neigt oft auch dazu, sich unrealistische Ziele zu setzen oder Menschen zum Vorbild zu nehmen, deren Leistungen weit über den eigenen liegen und unerreichbar sind, auch bei größter Anstrengung. Die Zielverfehlung ist dann programmiert, Unzufriedenheit und Frustration auch. Machen Sie sich daher hin und wieder klar, dass es zwar eine ganze Menge Menschen gibt, die mehr erreichen als Sie – aber mindestens ebenso viele, die nicht so weit kommen werden. Und machen Sie sich weiter klar: Dieses Problem besteht auf jeder Ebene. Selbst wenn Sie ganz oben auf der Treppe stehen: Ein paar werden immer auf Sie herabblicken! Die Orientierung nach oben kann also motivieren – aber das Ego darf auch mal nach unten blicken.

Arbeiten Sie nach Ihren eigenen Kriterien

Wollen Sie sich selbst für eine Leistung belohnen, so sollten Sie sich über die Faktoren im Klaren sein, nach denen Sie Erfolg oder Misserfolg beurteilen wollen – und über die Frage, was für Sie eigentlich ein Erfolg ist.

Finanzieller Erfolg Geht es Ihnen darum, mit einer Tätigkeit möglichst viel zu verdienen? Oder eine hohe Jahresprämie zu erhalten?

Prestige Arbeiten Sie auf den nächsten Karrieresprung hin? Auf das größere Büro, den nächsten Firmenwagen?

Öffentlichkeit Ist Ihr Ziel möglichst hohe Resonanz bei Vorgesetzten, Kunden oder der Fachpresse?

Leistung/Qualität Sind Sie zufrieden, wenn Sie ein Projekt mit effizientem Einsatz und dem für Sie bestmöglichen Resultat abschließen?

Sinn Ziehen Sie Ihre Anerkennung aus dem Nutzen Ihrer Arbeit für andere Menschen?

Service Sind Sie dann voll Anerkennung für sich selbst, wenn Sie in vielen Kundengesprächen kompetent und freundlich waren?

Zuverlässigkeit Oder gehen Sie froh und selbstbewusst in den Feierabend, wenn Sie die Ablage erledigt und alle Termine eingehalten haben?

Mit diesen inneren Kriterien, die Sie sich selbst setzen und die die äußeren Vorgaben nicht ersetzen, wohl aber ergänzen können, machen Sie sich ein wenig frei vom Zwang des großen, manchmal zu großen Ziels – und haben zudem die Möglichkeit, sich mehrmals täglich selbst auf die Schulter zu klopfen.

Für Notfälle: Wechseln Sie die Perspektive – zumindest zeitweise

Wir definieren uns nicht nur über unseren Job – und genauso wird auch unser Selbstwertgefühl nicht nur über den Job definiert. Phasen, in denen das Berufsleben vielleicht nicht genügend Anknüpfungspunkte gibt für ein starkes Selbstbewusstsein und ausreichend Anerkennung von innen, wird es immer wieder mal geben.

Das ist normal und kein Grund, in die »Das wird ja nie etwas«-Haltung zu verfallen. In solchen Situationen kann es helfen, den Fokus vorübergehend auf andere Bereiche zu lenken, in denen es besser läuft: auf ein Hobby, das Sie mit Freude ausüben, eine Sportart, in der Sie besondere Leistungen bringen (oder die einfach nur Spaß macht und gut läuft), auf ein gelungenes Familienleben und Ähnliches. Die Psychotherapeutin Friederike Potreck-Rose nennt dies einen »selbstwertstärkenden Perspektivenwechsel«, der allerdings eines voraussetzt: das Vorhandensein anderer Perspektiven.

Anders gewendet: Wer sich über Jahre oder Jahrzehnte nur über den Job definiert und für anderes keine Zeit findet (oder finden will), der tut sich im Jobfrust mit der inneren Anerkennung wahrscheinlich um einiges schwerer als jemand, der auf eine ausgeglichene Balance zwischen den einzelnen Lebensbereichen achtet und mehrere Bereiche zur Auswahl hat, in denen er seinem Selbstwertgefühl auf die Sprünge helfen kann. So sorgen Sie mit einer möglichst ausgeglichenen Lebensweise auch einem beruflichen Anerkennungsdefizit vor – nicht der schlechteste Anlass, sich mal wieder mit Work-Life-Balance zu beschäftigen.

»Lob? Brauche ich nicht!« – ein verhängnisvolles Lügenmärchen also. Die Anerkennung für berufliche Leistungen setzt sich aus vielen Facetten zusammen, und richtig zufrieden macht auf Dauer nur ein guter Mix der einzelnen Faktoren. Geld spielt vor allem dann eine (blockierende) Rolle, wenn der Lebensunterhalt nicht ausreichend gesichert ist. Anerkennung von innen kann, zumal im tristen Büroalltag, helfen, fehlendes Lob von außen, vor allem von oben auszugleichen. Aber auch hier gibt es Grenzen. Anerkennung, die wir uns selbst geben, kann eine Zeit lang fehlende Rückmeldung von außen ausgleichen – ganz ersetzen kann sie diese aber offenbar nicht. Es kommt immer wieder vor, dass Menschen lange Zeit auf ein bestimmtes Ziel hinarbeiten, sich lange Zeit selbst antreiben und wenig Anerkennung von außen bekommen. Nimmt man ihnen kurz vor dem Ziel das Projekt aus der Hand, geraten sie in eine schlimme Gratifikationskrise, die zum Beispiel ernsthafte Herz-Kreislauf-Erkrankungen hervorrufen kann. Menschen, die jahrelang auf ein Ziel hinarbeiten, scheinen daher in besonderem Maße von äußerer Anerkennung abhängig zu sein – je länger der Weg dorthin, desto tiefer der Fall, wenn die Anerkennung ausbleibt.

Und nun haben Sie wieder Gelegenheit, einige Überlegungen zum Thema Anerkennung anzustellen – nehmen Sie sich dazu ruhig etwas Zeit.

Fragen zum Selbstcoaching

1. In welcher Form bekommen Sie positives Feedback von Ihrem Vorgesetzten: Ist es plattes Lob – oder echte Anerkennung?

---

2. Wie fühlen Sie sich, wenn Sie positives Feedback bekommen haben? Wie geht es Ihnen, wenn es ausbleibt?

---

3. Haben Sie eine eigene Richtschnur, nach der Sie Ihr Handeln ausrichten? Was genau ist Ihnen wichtig?

---

4. Gelingt es Ihnen, im Unternehmen auf Ihre Leistungen aufmerksam zu machen? Wenn nicht (genug): Wie könnten Sie mehr Aufmerksamkeit auf sich ziehen?

---

5. Sprechen Sie Ihren Kollegen oder Ihrem Chef gelegentlich auch selbst einmal Anerkennung aus? Welche Reaktion bekommen Sie? Wie fühlen Sie sich dabei?

_____

_____

_____

_____

Extra-Coaching für Führungskräfte

1. Herrscht in Ihrem Team ein Kampf um Anerkennung? Wie gehen Sie damit um?

_____

_____

_____

_____

2. Neigen Sie eher zu (väterlichem) Lob und Tadel, oder zu einer (partizipativen) Form der Anerkennung und konstruktiven Kritik? Was könnten Sie tun, um Ihre Feedback-Gewohnheiten zu verbessern?

_____

_____

_____

_____

3. Wie sieht die Gehaltsstruktur in Ihrem Team/Ihrem Unternehmen aus? Ist sie transparent und gerecht, soweit das möglich ist?

_____

_____

_____

_____

4. Was könnten Sie tun, um die Anerkennungskultur in Ihrem Team/
   Ihrem Unternehmen zu verbessern?

_____

_____

_____

_____

5. Welche Form der Anerkennung bekommen Sie von der Geschäfts-
   führung/vom Aufsichtsrat? Sind Sie zufrieden damit, wünschen Sie
   sich mehr Aufmerksamkeit oder eine andere Form des Feedbacks?
   Was könnten Sie tun, um dieses zu bekommen?

_____

_____

_____

_____

Siebtes Lügenmärchen

»Ich habe doch längst ausgelernt«

Der Nachteil der Intelligenz besteht darin,
dass man ununterbrochen dazulernen muss.

George Bernhard Shaw

Nicht alle meine Reisen führen mich zu Vorträgen oder zu Studienveranstaltungen, manchmal fordert auch die in meinem Falle nicht ganz kleine Familie ihren Tribut. So fand ich mich vor gar nicht allzu langer Zeit eines schönen Abends in vertrauter Familienrunde vor dem Kamin eines Wasserschlosses in den nördlichen Provinzen. Einer meiner zahlreichen Vettern lebt dort, und er hatte zur Feier des Abends ein paar gute Burgunderflaschen aus seinem Weinkeller hervorgeholt.

Die Gespräche waren, wie es sich für solche Anlässe gehört, von heiterer Gelassenheit. Über die Arbeit sprachen wir nicht, und die Lösung der großen Probleme der Welt hatten wir für später vorgesehen. Kurzum: Wir narrierten, um uns die Zeit zu vertreiben. Es geschah nichts Merkwürdiges – bis ich plötzlich einen Verbalangriff in der größten Geschwindigkeit auf mich daherschießen sah.

Einer der Anwesenden, dessen Namen zu nennen mir leider die oft recht harsche Auffassung der hohen Richter über die Wirkung des so genannten Persönlichkeitsrechts verbietet, ein – wie sich freilich erst jetzt herausstellen sollte – überzeugter Skeptiker und Kritiker aller Dinge, die mit Bildung zu tun haben, hob also mit leicht höhnischem Lächeln sein Rotweinglas und prostete mir zu: »Na, Münchhausen! Du machst mit deinem Beruf dem Namen deiner Familie ja wahrlich Ehre!«

Allein, die heitere Gelassenheit verließ den Raum nicht gleich, aber sie gestattete sich eine Auszeit. Die Gespräche verstummten und auf meinen erstaunten und leicht fragenden Blick hin legte er nach: »Du verkündest es doch auch, das Lügenmärchen vom lebenslangen Lernen. Jetzt wurde es entlarvt.« Mit breitem Grinsen zog er ein Buch aus seiner Ledertasche, auf dem in großen Lettern Die Weiterbildungslüge prangte. »Mir spricht das Buch aus dem Herzen. Ich lerne nämlich nichts mehr. Schau, ich hab meine Schulbank gedrückt, danach sogar die Universität besucht, bis ich meinen Doktorhut aufsetzen konnte. Ich spreche die Sprache der Franzosen und leidlich Latein. Das, sag ich ganz *offen, ist doch genug, oder?« – Gespanntes Schweigen machte sich im Raum breit.*

Ich brauche Ihnen nicht zu sagen, meine werten Leser, wie unangenehm mir diese Begebenheit sein musste. Leute, die mich nicht kennen, werden durch dergleichen starke Verbalattacken in unserm zweifelstüchtigen Zeitalter leicht veranlasst, in meinen Berufsstand ein Misstrauen zu setzen, was einen Kavalier von Ehre im höchsten Grade irritiert.

Da meldete sich eine junge Dame zu Wort. »Ich sehe das anders«, ließ sie verlauten. »Ich nehme an so vielen Kursen teil wie nur irgend möglich. Schließlich will ich das Beste aus mir machen! In der kommenden Woche lerne ich am Montag die Kunst der Präsentation. Am Dienstag treffe ich meinen Berater, mit dem ich über meinen Umgang mit dem werten Personal spreche. Mittwochs platziere ich mich am Abend zu Hause auf meiner Chaiselongue und absolviere ein Spanisch-Programm. Von Donnerstag bis Samstag fahre ich mit dem gesamten Personal in die Alpen – dies soll uns geistige Stärkung und uns einander näherbringen. Und am Sonntag besuche ich um 6 Uhr in der Früh einen asiatischen Meister, der mir zeigt, wie ich mich biegen, krümmen, strecken und dabei so in die Flanken atmen kann, dass ich die vielen Mühen und Nöte meiner Arbeit besser ertrage.«

Und schon war eine lebhaftes Streitgespräch rund um die Frage »Lebenslanges Lernen – ja oder nein« in Gang gekommen, das bis in die frühen Morgenstunden dauerte und mich noch lange beschäftigte.

Lernen – lebenslänglich?

Unter dem Schlagwort lebenslanges Lernen werden Regierungsprogramme aufgelegt, Preise vergeben und ziemlich viele Euros verdient. Wir sollen lernen, lernen, lernen, weil das Voraussetzung für Wettbewerbsfähigkeit sei und Schutz vor Arbeitslosigkeit biete, wo doch die Arbeitswelt von heute (und die der Zukunft sowieso) unbestritten von uns allen ein hohes Maß an Flexibilität und Bereitschaft, sich auf Neues einzulassen, erfordere – so steht es in den Verlautbarungen von Ministerien und Weiterbildungsorganisationen, und das klingt eigentlich auch ganz überzeugend. In der Praxis aber, das haben Sie sicherlich auch schon häufig erlebt, wird das Lernen oft zur Strafe, zur Ressourcenverschwendung oder zur Tse-Tse-Fliege, die die Schlafkrankheit überträgt, um einen alten Schülerwitz aufzugreifen.

Lernen als Strafe

Lebenslanges Lernen! Das sind zwei Worte, die keine Begeisterungsstürme hervorrufen. Lebenslang weckt Assoziationen mit 7-Quadratmeter-Zellen, Stahltüren und vergitterten Fensterscheiben. Und mit der Tätigkeit des Lernens verbindet sich für viele von uns auch nicht gerade das Gefühl großer Lebensfreude, sondern eher die Erinnerung an versemmelte Mathearbeiten, Ohm'sche Gesetze, kryptische Vokabeln und durchtippte Nächte.

Und an permanente Kritik: Denn wer lebenslanges Lernen fordert, trägt immer auch ein recht unsympathisch wirkendes Schild vor sich her:»Wer und was auch immer du bist: Du bist nie genug!« Der Mensch (hier: der Arbeitnehmer) wird grundsätzlich nicht als das gesehen, was er ist, sondern als das, was er sein sollte. Er hat nur dann Existenzberechtigung, wenn er seinem Idealbild in stetem Bemühen entgegenstrebt: lernend, lebenslänglich.

In der Kombination von lebenslang und Lernen landet man schließlich in einem Gefühl von verschärfter Festungshaft in linoleumgrauen, hallenden und nach Bohnerwachs riechenden Schulgängen. Da hilft nur eins: Die Flucht aus der Lernhölle. Vielen gelingt es über viele Jahre, sich den gut gemeinten Programmen der Personaler zu entziehen. Viele von uns mögen nicht mehr, können nicht mehr, wollen nicht mehr.

Damit ist spätestens dann Schluss, wenn wir unseren Job verlieren. »Hättest du dich besser fortgebildet, wärest du jetzt besser vermittelbar«, müssen wir uns anhören, als wäre Arbeitslosigkeit ganz allein unser Privatproblem. Die Politik verlagert mit dem Postulat der permanenten Weiterbildung tatsächlich einen Teil der Arbeitsmarktprobleme samt ihrer Lösung auf die Bürger. Indem sie Weiterbildung zur Privatsache erklärt, ist am Ende jeder selbst verantwortlich für sein Fort- und Auskommen – oder eben auch für sein Scheitern. So geht denn auch »Fordern und fördern«, einer der Hauptslogans der letzen großen Arbeitsmarktreformen der Bundesrepublik, vom Grundprinzip des lebenslangen Lernens aus. Wer an Bildungsangeboten nicht teilnimmt (und seien sie auch noch so, pardon: blöd), wird mit der Kürzung von Bezügen sanktioniert. Und wer gar nicht mehr lernen will, kann sehen, wo er bleibt.

»Das Hochhalten der Norm vom lebenslangen Lernen ist ein Pädagogisierungsinstrument, das Realitäten verschleiert«, ist Dr. Daniela Holzer überzeugt, die am Institut für Erziehungs- und Bildungswissenschaft der Universität Graz zu lebenslangem Lernen, Weiterbildung und Bildungswiderstand im gesellschaftlichen Kontext lehrt und forscht.

Mit »Realitäten« meint sie: Lern-Maßnahmen bringen nicht mehr Arbeitsplätze in den Markt (höchstens in den Weiterbildungs-Instituten selbst). Sie beseitigen nachweislich keine Benachteiligungen. Sie garantieren keinen Aufstieg, keinen Gehaltssprung und nicht einmal die langfristige Sicherung des eigenen Arbeitsplatzes.

Manchen Arbeitnehmern ist das bewusst, viele ahnen zumindest, dass es so sein könnte – und so sind sie nicht bereit, ihre knapp bemessene Freizeit für Fortbildungen zu opfern, die vielleicht inhaltlich nicht besonders überzeugend und regional schlecht erreichbar sind, und für die sie möglicherweise auch noch selbst zahlen müssen.

Erzwungene Leistung

Die Idee des lebenslangen Lernens kam in den 1970er Jahren auf – und eigentlich war es eine gute Idee: Durch Weiterbildung sollten benachteiligte Gruppen (Frauen, Migranten, Ältere, Geringqualifizierte) bessere Chancen bekommen. Laut Bildungsforscherin Holzer ging die Schere durch das Diktat des lebenslangen Lernens aber nicht zu, sondern eher noch weiter auf: Denn die Menschen (sprich: Männer auf der Karriereleiter), die ohnehin schon eine gute Ausbildung haben, sind oft auch diejenigen, die sich besonders häufig selbst weiterbilden, und die durch Bildungsmaßnahmen durch die Unternehmen gefördert werden: »Wer schon hat, der kriegt noch mehr.« In den 1980er Jahren änderte sich dann auch die Idee: Aus der Möglichkeit zur Weiterbildung wurde ein Muss. Und in den 1990er Jahren stellte die Politik dann einen Zusammenhang her zwischen dem lebenslangen Lernen und der wirtschaftlichen Entwicklung – eine Verknüpfung mit weitreichenden Konsequenzen: Denn in einer Zeit, in der sich höhere Gewinne nur noch schwer durch Expansion oder Rationalisierung erzielen lassen, gibt es laut Holzer noch eine Quelle, die man ausschöpfen kann: »der Mensch als Ganzes«.

Letztendlich gehe es nur darum, die Menschen leistungswillig zu halten: »Diejenigen, die noch im Arbeitsprozess sind, müssen zu 100 Prozent ihren Einsatz und ihre Aufopferungsbereitschaft für den Betrieb zeigen. Die Weiterbildung und das lebenslange Lernen sind ein Teil davon.« Sie sind letztendlich ein Werkzeug, die Arbeitnehmer an den Markt anzupassen, in den Markt einzupassen. Wer sich quer stellt, fliegt raus.

Innehalten, abwarten, ein wenig kürzer treten – das sieht unsere Leistungsgesellschaft nur in sehr begrenzten Nischen vor. Die Angst, den Anschluss zu verpassen, verhindert Zeiten der Ruhe. Auch das ist eine Aussage des Bildungspostulats: Gut ist nur das, was ökonomisch verwertbar ist, was der Wirtschaft nutzt. (Kein Wunder also, dass ein Arbeitnehmer, der sich in seinem gesetzlich verbürgten Bildungsurlaub zum Thema Streuobstwiesen fortbilden möchte, in der Personalabteilung auf wenig Euphorie stoßen wird.)

Die Weiterbildungsbranche boomt

Heute halten 90 Prozent der Arbeitgeber Weiterbildung für wichtig oder für sehr wichtig, so das Ergebnis einer Umfrage des Meinungsforschungsinstituts Forsa im Auftrag der Bundesagentur für Arbeit (BA). Kein Wunder, dass der Markt boomt: In Deutschland gibt es mittlerweile rund 17 000 Weiterbildungsanbieter. Insgesamt belaufen sich die Kosten für Weiterbildung und Coaching auf rund 27 Milliarden Euro (2004).

In einer Umfrage aus dem Jahr 2007 gaben 68 Prozent der befragten Arbeitnehmer an, sie seien bereit, den Weiterbildungsmaßnahmen ihre Freizeit zu opfern; noch 38 Prozent würden sogar die Kosten dafür selbst übernehmen. Tatsächlich haben sich im Jahr 2007 rund 7,5 Millionen Menschen in Deutschland weitergebildet.

Die Weiterbildungsunternehmen selbst sind es also, die – in betriebswirtschaftlichen Kennzahlen gesprochen – noch vor dem Lernerfolg der Teilnehmer als erste gewinnen und selbst dann noch wachsen, wenn andere schon längst Staatshilfe brauchen. So berichtet Ingo Karsten, Direktor des bundesweit agierenden Instituts für Lernsysteme (ILS), sein Unternehmen habe im März 2009 gegenüber dem Vorjahreszeitraum rund 25 Prozent mehr Kursteilnehmer zu verzeichnen. Von einer Krise mag er da nicht sprechen.

Bildung als Betriebsausflug

Oft sind Weiterbildungen nicht einmal nützlich. 80 Prozent der Trainings bringen keinen nachhaltigen Lerntransfer, wird in dem Buch *Die Weiterbildungslüge* behauptet, weil falsche Teilnehmer in falschen

Seminaren sitzen, Führungskräfte keine echte Verantwortung übernehmen und viele Seminare vor allem das Ziel verfolgten, die Teilnehmer abends möglichst schnell an die Bar zu bringen.

Unter dem Deckmantel des lebenslangen Lernens lassen sich in der Tat höchst sinnvolle Maßnahmen ebenso verstecken wie hochgradig sinnlose: Weiterbildung nach dem Gießkannenprinzip zum Beispiel gehört zur letzteren Gruppe. Die Trainerin und Autorin Sabine Asgodom berichtet von solch einer »Gießkannenmaßnahme«: Da gehen die Zahlen eines Geschäftsbereiches im ersten Halbjahr rapide herunter, dem Bereichsleiter wird aufgegeben, »etwas« zu machen. Dieses »etwas« mündet in einen Hilferuf: »Machen Sie uns ein Training – egal was, Hauptsache, wir unternehmen etwas«. »Gerne!«, wird da so mancher Weiterbildungsunternehmer wohl antworten, mit dem einen Auge die Umsatzzahlen und dem anderen seinen Terminkalender erfassend. Die an sich vorrangige Frage nach dem Ziel des Trainings wird häufig erst viel später gestellt – oder gar nicht.

Kaum einer wird jedoch anzweifeln, dass eine auf die Anforderungen und die konkrete Situation der Abteilung zurechtgeschnittene Maßnahme tatsächlich helfen kann – wenn auch vielleicht nicht als Wundermittel mit messbarem Erfolg gleich im nächsten Quartal, aber doch als längerfristig wirkende Verbesserung. Dies zu klären und zu erklären ist Aufgabe des Trainers – so er seinen Beruf ernst nimmt. »Weiterbildung steht und fällt mit der Verantwortlichkeit derer, die sie beantragen, konzipieren, organisieren und durchführen«, führt Asgodom aus. In der Pflicht sind damit neben den Trainern auch Führungskräfte, Personalentwickler, Einkäufer – und Teilnehmer.

Als Teilnehmer haben wir, so ehrlich muss man sein, oft auch gar nichts gegen einen halben oder einen ganzen Tag lang »Wir-Gefühl«, wenn wir uns durch Hochseilgärten schwingen oder mit einem Schlauchboot durch Wildwasser rutschen. Ist doch nett, wenn die Personalabteilung den Betriebsausflug bezahlt.

Der Haken an der Weiterbildungslüge

So mag in der Tat einiges dafür sprechen, die Weiterbildungslüge als solche enttarnen zu wollen. Doch bei aller berechtigten Kritik: Wenn Unternehmen Weiterbildung nicht effektiv einsetzen, dann heißt das natürlich nicht automatisch, dass Lernen Unsinn ist. Für den schönen Werkstoff Beton wurde vor Jahren mit dem Slogan: »Es kommt drauf an, was man daraus macht« geworben – für die Weiterbildung gilt das ganz genauso.

Die Anbieter

Wir müssen differenzieren und die gesamte Gauß-Kurve anschauen: Natürlich gibt es Seminarkonzepte von der Stange, die niemandem einen Nutzen bringen, außer dem Umsatz des Anbieters, des Hotels und der umliegenden Bars. Solche Angebote sind es, die auf den Anprangerlisten derjenigen stehen, die sich über die Weiterbildungslüge aufregen. Wenn wir alle Seminarangebote auf der schönen Kurve der Normalverteilung anordnen, sind wir dann weit auf der negativen Seite.

Aber das ist ja nicht alles, was der Markt hergibt. Selbstverständlich gibt es auch gut durchdachte, praxisorientierte Lehrangebote: reale Fallstudien, die analysiert, Teamkonflikte, die aufgelöst, Netzwerke, die aufgebaut werden. Es gibt – auf der positiven Seite der Gauß-Kurve – Seminaranbieter, die eine genaue Bedarfsanalyse durchführen, bevor sie mit ihrem Methodenkoffer anrücken. Die Mitarbeiter im Lernprozess selbst herausfordern, und nicht auf irgendeine mehr oder minder ferne Unternehmensrealität vertrösten. Und es sind ja bekanntermaßen die (lösbaren!) Herausforderungen, die die Arbeitszufriedenheit fördern.

Und dazwischen? Da liegt das riesige Feld der mittelmäßigen Angebote, die bei den meisten Teilnehmern keine umwälzenden Erkenntnisse auslösen, die aber auch niemandem wirklich schaden. Soweit die Anbieterseite.

Die Teilnehmer

Auch auf der Seite der Teilnehmer müssen wir differenzieren: Wer »Weiterbildungslüge!« schreit, hat zumeist die Arbeitnehmer im Blick, die sich zeitlich oder finanziell durch Weiterbildungen überfordert fühlen, oder die so schlechte Lernerfahrungen gemacht haben, dass sich ihnen bei dem Gedanken an Bildung der Magen umdreht. Das gibt es natürlich, aber das trifft nicht auf alle Teilnehmer zu.

Generell gilt: Je besser jemand ausgebildet ist, desto mehr Lust hat er, noch mehr zu lernen. So nahmen laut TNS Infratest im Jahr 2007 folgende Teilnehmer an Weiterbildungsveranstaltungen teil:

◆ 29 Prozent von allen Personen mit Hauptschulabschluss,
◆ 49 Prozent von allen Personen mit mittlerem Abschluss,
◆ 60 Prozent von allen Personen mit Abitur/ Fachhochschulreife.

Vielleicht kennen Sie die Sinus-Milieus, die das Heidelberger Marktforschungsinstitut Sinus Sociovision in den 1980er Jahren entwickelt hat: soziale Gruppierungen, die sich von oben nach unten durch ihr Einkommen und von links nach rechts durch ihre Werthaltung unterscheiden (von traditionell bis modern). Rudolf Tippelt, Professor für Pädagogik und Bildungsforschung an der Ludwig-Maximilians-Universität München, und die wissenschaftlichen Mitarbeiterinnen Jutta Reich und Aiga von Hippel haben nun anhand der Sinus-Milieus untersucht, wie sich die verschiedenen sozialen Milieus in Deutschland weiterbilden.

Ihren Daten zufolge sind die *Experimentalisten* am weiterbildungsaktivsten (70,4 Prozent) – das ist die junge, individualistische, neue Bohème. Auf den Plätzen zwei und drei folgen die *modernen Performer* (67,3 Prozent), eine junge, unkonventionelle Leistungselite, und die *Postmateriellen*, die aufgeklärten Nach-68er, die sich mehr über den Intellekt als über den Besitz definieren (65,2 Prozent). Sehr aktiv (Platz vier: 65 Prozent) in der Weiterbildung ist auch das Unterschichtmilieu der *Konsum-Materialisten*, was allerdings erzwungenen Maßnahmen wie Umschulungen geschuldet ist. Vergleichsweise wenig weiterbildungsfreudig sind die eher traditionellen Milieus der *Tradi-*

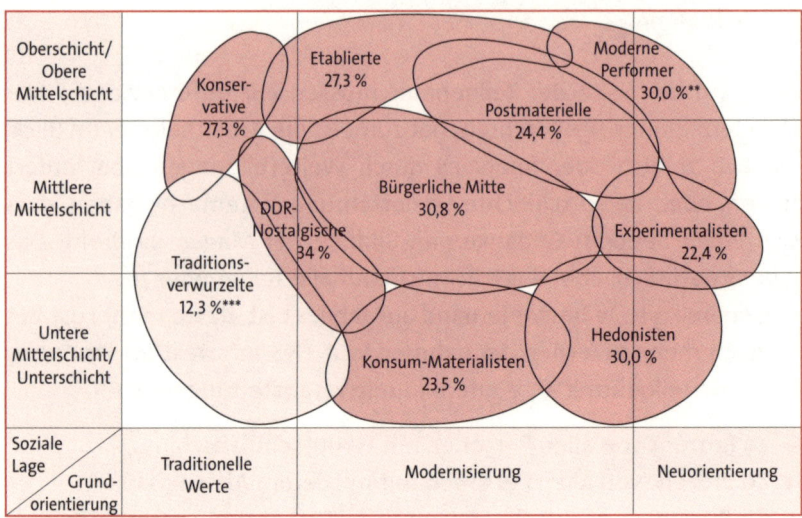

Weiterbildungsbeteiligung in den sozialen Milieus
(Teilnahme an Weiterbildung insgesamt 57,4%); N = 2920

Quelle: Reich, Jutta (2005). Soziale Milieus als Instrument des Zielgruppenmarketings in der Weiterbildung. In: bildungsforschung, Jahrgang 2, Ausgabe 2,
URL: http://www.bildungsforschung.org/Archiv/2005-01/milieus/

tionsverwurzelten (wie zum Beispiel Rentner, kleine Angestellte, Bauern), der *DDR-Nostalgischen* (die sich als Wende-Verlierer sehen) und der *Konservativen* (die sich nur ungern etwas sagen lassen, es sei denn von einer Koryphäe, und lieber lesend dem »humanistischen Selbsterziehungsethos« folgen).

Es ist also recht unterschiedlich, wer in Deutschland wie lernen will. Fakt ist: Ein deutlicher Teil der Gesellschaft lernt gerne! »Viele Menschen sehen ihre Arbeit als wichtigen Teil der persönlichen Selbstverwirklichung und des Lebenssinns an. ... Lernen wird so zum selbstverständlichen Teil der persönlichen Lebensplanung«, so Dr. Eike Wenzel, Mitglied der Geschäftsleitung des Kelkheimer Zukunftsinstituts von Matthias Horx. Lernen als Mittel der Persönlichkeitsentwicklung also, als sinnstiftendes Element.

Wer immer wieder Neues anpackt und wissbegierig durchs Leben geht, betreibt ganz nebenbei auch aktives »Flow-Management«: Er sucht sich neue Herausforderungen im Rahmen seiner gegebenenfalls neu geschaffenen Möglichkeiten, die den Spaß an der Arbeit erhalten.

Drei Gründe, weiter zu lernen

Für jeden von uns ist Weiterbildung nicht nur eine Chance, Wissen zu erwerben, sondern bietet auch die Möglichkeit, bestimmte Prozesse in Gang zu setzen, die vielleicht das Startsignal für Veränderung sein können – nicht nur die ganz große Veränderung in Form eines Arbeitsplatz- oder Jobwechsels, sondern auch kleinere Stellschrauben, deren vorsichtige Anpassung zu mehr Arbeitszufriedenheit führen kann.

Das Beste aus sich machen

Lebenslanges Lernen könnte so verstanden nicht nur das Ziel haben, immer und überall der Beste sein zu wollen, sondern »das Beste aus sich zu machen« – so formuliert es Ute Frevert, Direktorin des Forschungsbereichs »Geschichte der Gefühle« am Max-Planck-Institut für Bildungsforschung in Berlin. Das Beste aus sich machen, sich permanent ein wenig zu fordern (ohne sich zu überfordern!) unter Berücksichtigung der individuellen Voraussetzungen, der Bereitschaft, Neues auf- und anzunehmen, der finanziellen und zeitlichen Mittel – und eben auch in Abhängigkeit von der Lust am Lernen.

Das Hirn füttern

Gerade in letzterer Hinsicht unterstützt uns unser Gehirn übrigens in ganz erheblichem Maße. Und wenn Sie nun vermuten, dass Dopamin dabei eine Rolle spielt – richtig vermutet. Denn dieses ja nun schon recht bekannte Hormon (genauer: dieser Neurotransmitter) spielt auch bei Lernprozessen eine wichtige Rolle und sorgt dafür, dass Lernen Spaß machen kann.

Was passiert, wenn das Gehirn lernt? Stefan Klein beschreibt dies in seinem Buch *Die Glücksformel* sehr anschaulich: Lernen ist danach eine Umgestaltung des Gehirns, genauer: der Neuronen, der winzigen »Computer«, die unser Gehirn ausfüllen. Diese Neuronen vernetzen sich laufend untereinander. Kommen neue Informationen an, so verrechnet das Neuron diese und leitet das Ergebnis über Synapsen an andere Neuronen weiter. Diese Weiterleitung nun wird unter anderem ermöglicht durch eine Ausschüttung des Neurotransmitters Dopamin. Derselbe Stoff also, der für Glücksgefühle zuständig ist (siehe dazu S. 92), kommt auch beim Lernen zum Einsatz.

Dauerhafter Lernerfolg stellt sich ein, wenn die Verbindung zwischen den Neuronen stabil wird – dies geschieht durch vermehrtes Zellwachstum und die Ausbildung weiterer Synapsen. Da dieser Vorgang die Zelle nicht unbeträchtliche Energie kostet, wird eine solche Maßnahme erst dann ergriffen, wenn die neue Information hinreichend wichtig erscheint. Maßstab für diese Relevanz ist die Häufigkeit ihres Auftretens, weshalb der Lernerfolg in der Regel mit der Anzahl der Wiederholungen wächst.

Bleibt festzuhalten: Der Botenstoff Dopamin ist sowohl für unsere Glücksgefühle wie auch für den Lernprozess von entscheidender Bedeutung. Auch wenn wir das vielleicht aus Schulzeiten in etwas anderer Erinnerung haben: Lernen und die Erfahrung von Glück stehen – zumindest im Gehirn – in einem direktem Zusammenhang. Vielleicht nicht der schlechteste Grund, die nächste Weiterbildungsmaßnahme mal unter einem ganz anderen Blickwinkel zu betrachten.

Kontakte knüpfen

Ein weiterer Nebeneffekt von Weiterbildungen – selbst, wenn Sie fachlich oder persönlich überhaupt nichts aus der Veranstaltung mitnehmen: Je nach Zuschnitt des Seminars vernetzen Sie sich mit Kollegen aus allen möglichen Bereichen Ihres Unternehmens oder Ihres Konzerns, vielleicht auch innerhalb Ihrer Branche, vielleicht sogar über die Grenzen Deutschlands hinaus.

Und weil Sie sich nicht in einem steifen Meeting kennen lernen und dabei gleich gegeneinander antreten, sondern gut gelaunt in einem Seminar, bei dem es nicht so drauf ankommt, steht die Beziehung zu diesen Kollegen auf einer ganz anderen Basis. Wenn es in Ihrem Job klemmt, fragen Sie am ehesten jemanden um Rat, den Sie in einem solchen Umfeld kennen gelernt haben. Erst recht dann, wenn Sie gemeinsame Rollenspiele durchlebt, durchlitten oder durchlacht, und am Abend gemeinsam gespeist und das ein oder andere Getränk zu sich genommen haben.

So lernen Sie, was Sie wollen

Niemand muss lernen (wenn er nicht gerade von seinem Chef oder von der Bundesagentur für Arbeit dazu verdonnert wurde). Aber wer die Chance hat, zu lernen, tut gut daran, sie auch zu nutzen. Der Grund: Wer aufhört zu lernen, hat aufgehört, das Beste aus sich zu machen.

Weiterbildung kann für Sie zum Ziel haben, eine(r) der Besten in Ihrem Bereich zu werden. Sie können sich aber auch vornehmen, aus sich und Ihrem Berufsleben »einfach« das Beste zu machen. Auch diesen Prozess können Sie mit gezielt ausgesuchten Weiterbildungsangeboten unterstützen. Dabei muss es gar nicht zwingend um Ehrgeiz und Karriere gehen. Wenn Ihnen Ihr Fach Freude macht, dann haben Sie wahrscheinlich auch einfach so Spaß daran, gut zu sein und immer besser zu werden. Bleibt nur die Frage: Wie schaffen Sie das?

Ergreifen Sie die Initiative

Zwar unterstützen eine Vielzahl von Unternehmen ihre Mitarbeiter bei der Wahrnehmung von Weiterbildungsangeboten – sowohl in finanzieller Hinsicht wie auch durch zeitweise Freistellung oder Sonderurlaub. Man kann aber wohl davon ausgehen, dass diese Unterstützung vor allem dann stattfindet, wenn die Themen der Weiterbildung dem Anforderungskatalog des Unternehmens entstammen.

Wer als Verkäufer ein Verkaufstraining machen will, wird also eher auf Bereitschaft zur Kostenübernahme stoßen als eine Sachbearbeiterin, die sich dem Thema Persönlichkeitsbildung auf Firmenkosten widmen möchte. Anders gesagt: Bei vielen Weiterbildungsvorhaben werden Sie Freizeit und wahrscheinlich auch Geld investieren müssen – das kann neben dem Job eine nicht unerhebliche Belastung darstellen, vor allem wenn Ihre Familie auch noch Rechte einfordert und Sie vielleicht mit einem zusätzlichen berufsqualifizierenden Abschluss liebäugeln. Aber seien Sie sicher: Wenn Sie ein gutes Angebot erwischen, profitieren Sie fachlich und persönlich – und Sie tun auch etwas für Ihre Arbeitszufriedenheit!

Finden Sie einen Weg durch den Weiterbildungsdschungel

Wenn es in Deutschland 17 000 Weiterbildungsinstitute gibt, können wir uns über Bildungsvielfalt freuen – wenn wir ein passendes Angebot suchen, stehen wir allerdings erst einmal verloren im Wald. Noch nie gab es so viele verschiedene und leicht zugängliche Wege zur Weiterbildung wie heute: Bücher, CD's, DVD's, computer- und internetbasiertes Lernen, Seminare, Fernstudiengänge et cetera – um nur die wichtigsten Quellen zu nennen.

Verschaffen Sie sich daher die notwendigen Informationen, suchen Sie insbesondere seriöse Anbieter heraus. In vielen Fällen kann es hilfreich sein, zunächst in der eigenen Personalabteilung nachzufragen. Darüber hinaus können Ihnen folgende Stellen und Quellen behilflich sein:

- die Industrie- und Handelskammern (www.wis.ihk.de)
- der Deutsche Bildungsserver (http://www.iwwb.de/beratung/)
- die Bundesanstalt für Arbeit (www.kursnet.arbeitsagentur.de)
- Stiftung Warentest (www.test.de, Test+Themen, Rubrik Bildung + Soziales, Infodokumente: Hier findet sich das umfassende Dokument »Suche nach Weiterbildungsangeboten – Welche Datenbank weiterhilft«)
- Überregionale Datenbanken privater Anbieter wie www.seminus. de, www.seminarmarkt.de
- Regionale Datenbanken wie www.weiterbildung-mv.de (für Mecklenburg-Vorpommern), www.weiterbildung-hamburg.de oder www. bildungsnetz-rhein-main.de
- Datenbanken für wissenschaftliche Weiterbildung wie www. wisswb-portal.de
- Datenbanken für bestimmte Branchen (jeweils Branche und Weiterbildung in eine Suchmaschine eingeben)

In thematischer Hinsicht kommt zunächst einmal die fachspezifische Weiterbildung (Hard Skills) in Betracht. Hierbei geht es um Spezialisierung in Ihrem Berufsbereich. Diese Weiterbildung geht in die Tiefe und ermöglicht Ihnen, mit der Zeit Spezialisten-Status zu erlangen.

Aber beruflicher Erfolg setzt nicht nur Fachwissen voraus – es gibt eine ganze Reihe von berufsübergreifenden Faktoren, die Ihnen helfen, Ihr Fachwissen erfolgreicher einzusetzen (Soft Skills). Hierzu gehören unter anderem soziale Kompetenz und Kommunikationsfähigkeit, Rhetorik und Präsentationstechnik, Zeit- und Selbstmanagement, Teambildungs- und Führungsfähigkeit. Je breiter diese Palette ist, desto besser können Sie sich von Mitbewerbern abgrenzen und desto zielgerichteter können Sie Ihre Fachkenntnisse einsetzen. Diese Weiterbildung geht also mehr in die Breite.

Weiterbildungsthemen – Top 10

Die Top 10 der Weiterbildungsthemen sahen nach einer repräsentativen Umfrage aus dem Jahr 2007 wie folgt aus:

1. Umgang mit dem Computer
2. Menschenführung
3. Serviceverbesserung
4. Projektmanagement und Teamarbeit
5. Präsentieren und Reden
6. Fremdsprachen
7. Zeit- und Selbstmanagement
8. Verkaufstraining
9. Einarbeitung an einem neuen Arbeitsplatz
10. Stressbewältigung

Quelle: Wirtschaft und Weiterbildung, 6/2007

Treffen Sie eine klare Entscheidung

Wenn Sie ein Angebot gefunden haben, dass Sie spannend finden, für das Sie genug Zeit und Geld aufbringen können – dann treffen Sie eine klare Entscheidung. Ja: Ziehen Sie die Sache durch. Wenn Sie halbherzig darangehen oder die Weiterbildung sogar abbrechen, verschwenden Sie Ressourcen und verärgern womöglich auch noch Ihre Kollegen (und Ihre Familie).

Vielleicht sehen Sie auch, dass es im Moment kein vernünftiges Angebot für Sie gibt. Auch o. k.! Es geht nicht darum, einfach »irgendetwas« zu machen, damit »irgendetwas« im Lebenslauf steht. Halten Sie weiter Ausschau, bis Sie etwas wirklich Passendes finden.

Lassen Sie es langsam angehen

Gehen Sie Ihr Weiterbildungsprojekt in kleinen, machbaren Schritten an. Besonders bei berufsbegleitenden Maßnahmen gilt: Lieber etwas länger kalkulieren, dafür aber die wöchentliche Belastung herunterfahren. Andernfalls laufen Sie Gefahr, sehr schnell in Stress zu geraten, Sie schaffen Ihr Pensum vielleicht ein paar Tage oder Wochen lang nicht, setzen eine Zwischenprüfung in den Sand und sind dann vielleicht schnell geneigt zu sagen: Weiterbildung macht nicht schlau, sondern Stress. Das ist dann das genaue Gegenteil von Flow! Wenn Sie dagegen auf Machbarkeit setzen und von Anfang an die Latte niedriger legen, kann Lernen Spaß machen.

Erwarten Sie nicht zu viel auf einmal

Vor allem die zum Teil eher weichen Themen der berufsergänzenden Weiterbildungsmöglichkeiten sind in der Regel nicht solche, die Ihnen sofort und spürbar gleich am Tag nach einem Seminar die Arbeit erleichtern (obwohl es natürlich auch hier immer wieder zu »Aha-Erlebnissen« kommt). Der amerikanische Trainer Doug Stevenson spricht in diesem Zusammenhang von seinem »Konzept der 50 Eindrücke«. Danach soll es etwa 50 Impulse benötigen, damit ein Mensch im Persönlichkeitsbereich etwas verändert. Lassen wir mal die Frage beiseite, ob es vielleicht nur 10 oder sogar am Ende 100 Impulse sind: Ein Persönlichkeitstraining, das Ihnen verspricht, einen neuen Menschen aus Ihnen zu machen, verfolgt im Regelfall keine seriösen Ziele. Es kann aber gelingen, Ihnen ein Startsignal für Veränderungen oder die Integration neuer Verhaltensweisen zu geben – vielleicht brauchen Sie dann ein oder zwei Jahre später noch mal ein ähnliches Seminar oder einen anderen Impuls, um tatsächlich umzusetzen, was Sie sich vorgenommen haben.

Lernen Sie doch mal etwas, das nicht nützlich ist

Wenn Sie ein wenig Zeit und Ressourcen übrig haben: Lernen Sie doch mal, was Sie wirklich wollen. Vielleicht möchten Sie lernen, wie man auf einem Saxophon improvisiert? Oder was Nachhaltigkeit wirklich bedeutet? Oder wie man Bienenvölker hält? Tun Sie das! Sie werden sich wundern, welche Querverbindungen Ihr Hirn herstellt, und wie sich das auf Ihre Lebens- und letztendlich wiederum auf Ihre Arbeitszufriedenheit auswirkt.

Fragen zum Selbstcoaching

1. Welche Erinnerungen haben Sie an Ihre Schulzeit? An Ihre Ausbildung? Wie beeinflussen diese Erinnerungen Sie, wenn Sie heute an Weiterbildungen teilnehmen?

_____

_____

_____

_____

2. Welche fachspezifischen Fortbildungsmöglichkeiten (Hard Skills) sehen Sie für sich?

_____

_____

_____

_____

3. Welche berufsergänzenden Weiterbildungen (Soft Skills) könnten Sie sich für sich vorstellen?

_____

_____

_____

_____

4. Was könnten Sie konkret tun, um die Weiterbildungen, die Sie sich vorstellen, tatsächlich zu realisieren?

_____

_____

_____

_____

5. Macht Ihnen Lernen Spaß? Wenn nicht: Was könnten Sie tun, um mehr Spaß daran zu bekommen?

_____

_____

_____

_____

Extra-Coaching für Führungskräfte

1. Welchen Stellenwert hat das Thema Weiterbildung in Ihrem Unternehmen? Sind Sie zufrieden mit der Situation, oder würden Sie sich Änderungen wünschen? Wenn ja: Welche konkret?

_____

_____

_____

_____

2. Wie gehen Sie vor, wenn Sie ein »Seminar einkaufen«? Nehmen Sie sich die Zeit, gemeinsam mit dem Anbieter Ziele zu definie-

ren, schriftlich zu fixieren und anschließend den Seminarerfolg zu messen?

_____

_____

_____

_____

3. Unterstützen Sie Ihre Mitarbeiter von sich aus beim Thema Weiterbildung? Organisieren Sie Weiterbildung oder Teamentwicklung für Ihre Mitarbeiter – mit oder ohne Hilfe der Personalabteilung?

_____

_____

_____

_____

4. Erleichtern Sie Ihren Mitarbeitern Weiterbildung, indem Sie Sonderurlaub genehmigen die Kosten teilweise tragen?

_____

_____

_____

_____

5. Wie gehen Sie damit um, wenn Mitarbeiter sich bewusst gegen Weiterbildung aussprechen?

_____

_____

_____

_____

III Und die Moral von der Geschicht'?

Die Lügengeschichten des Barons von Münchhausen wurden zu einer Zeit veröffentlicht, in der das Bürgertum in Deutschland sich langsam löste von den Bevormundungen durch Adel und Klerus. Man wollte sich freimachen von alten Regeln und Vorstellungen, und dieses Vorhaben fand auch in die Literatur Eingang. Gottfried August Bürger, der Schriftsteller, der hinter Münchhausens Lügengeschichten steckt, verknüpfte zwei literarische Gattungen, die ihm für diesen Zweck besonders geeignet schienen: eben die der Lügengeschichten mit der so genannten Reiseliteratur. Ein wirkungsvoller Trick, um den Lesern den Spiegel vorzuhalten, sie – sozusagen durch die Brille des Fremden – auf Schwächen und Versäumnisse zu stoßen, um Kritik zu üben an der Gesellschaft, ohne selbst zu offensichtlich in die Rolle des Kritisierenden zu geraten (was in einer Zeit, in der Kritik am herrschenden System gerne auch mal als Hochverrat gewertet wurde, nicht ganz unwesentlich war).

Sicher, der letzte Punkt spielt heute – zumindest in unserem Kulturkreis – keine große Rolle mehr. Und dennoch haben Lügengeschichten auch in unserer Zeit noch Vorteile. Sie eröffnen – besonders in ihrer Überzeichnung – eine neue Perspektive auf Aspekte unseres (Arbeits-) Lebens, die freilich in ihren grundsätzlichen Aussagen oft so neu gar nicht sind. (Auch dies haben sie übrigens mit den Märchen meines Vorfahren gemein.) Denn letztlich verbirgt sich hinter den Geschichten, die in den vorangegangenen Kapiteln erzählt wurden, ja nichts wirklich revolutionär Neues. Dahinter stehen zum Teil wohl bekannte Erkenntnisse, über die auch schon an anderer Stelle geforscht und berichtet wurde. So verwundert es also kaum, wenn sich die Kern-

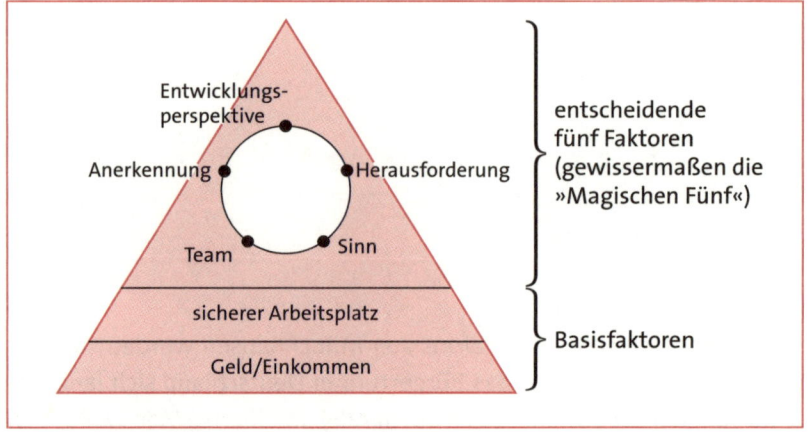

Die Maslow'sche Bedürfnispyramide

aussagen der Lügengeschichten wiederfinden in der so genannten Bedürfnispyramide, die der Psychologe Abraham Maslow schon 1943 als Ergebnis seiner Forschungen zur Arbeitszufriedenheit veröffentlichte. Bei Maslow stellen (ausreichend) Geld zum Leben (die erste Lügengeschichte) und ein sicherer Arbeitsplatz (Lügengeschichte 2) die so genannten »Basisfaktoren« dar, ohne die ein zufriedenes Leben (weder bezogen auf die Arbeit noch das Leben an sich) nicht geführt werden kann. Die weiteren Faktoren, also die Lügengeschichten 3 bis 7, sind dann die eigentlichen Aspekte, aus denen sich ein Mehr oder Weniger an Arbeitszufriedenheit ergibt.

Und so bewegen wir uns mit den hier erzählten Lügengeschichten zwar ein wenig am Rande der Wahrheit, aber in der Sache doch auf sicherem und bekanntem Terrain, über das wir uns nur hin und wieder ein bisschen mehr Klarheit verschaffen müssen. Denn praktisch sind diese Lügengeschichten ja schon: Wir können sie wie einen Schutzschild vor uns hertragen, uns hinter ihnen verstecken, uns vor dem manchmal rauen Wind der Arbeitswelt schützen. Das scheint sogar zu funktionieren, zumindest eine Zeit lang: Wenn wir uns nur lange genug vorsagen: »Der Job, den du hast, ist sicher – lieber nichts ändern!«, obwohl wir uns dort doch schon seit Jahren langweilen, dann hat dieses Märchen irgendwann einmal eine hohe Überzeugungskraft und bewahrt uns vor allerlei möglichen Risiken, die eben auch in einem Wechsel des Arbeitsplatzes liegen können. Es bewahrt uns vor einer möglichen Niederlage – aber es verbaut uns auch die große Chance, die so ein Wechsel mit sich bringt: Es macht uns träge und bequem. Der Selbstschutz hat also seinen Preis: Wir engen uns ein, verharren in einem Job, der uns zwar nicht überfordert, aber auch nicht fordert, kämpfen täglich, stündlich mit Unlust, nehmen eine Portion Winterdepression und leiden im Übrigen unter Kopf- oder Rückenschmerzen – keine schönen Aussichten für die Zeit bis zur Rente.

Dann vielleicht doch lieber die Variante ergreifen, die auch schon mein eigener entfernter Verwandter gewählt hat: sich am eigenen Schopf aus dem Sumpf (der Unzufriedenheit) ziehen. Dazu braucht es oft nicht mal viel; ganz wichtig ist aber, sich darüber klarzuwerden, welcher oder welchen der Lügengeschichten man eigentlich selbst immer wieder aufsitzt. Nehmen Sie sich doch jetzt einfach mal ein wenig Zeit und überlegen Sie, welche Faktoren bei Ihnen besonders im Argen liegen – und womit Sie auf der anderen Seite ganz zufrieden sind. Das macht es Ihnen möglicherweise ein wenig leichter zu erkennen, welche Lügengeschichten auch bei Ihnen eine besonders große Chance auf Anklang haben.

Selbstcheck: Meine Lieblingslügengeschichten						
	völlig zufrieden			überhaupt nicht zufrieden		
	1	2	3	4	5	6
Geld						
Sicherer Arbeitsplatz						
Herausforderung bzw. Über-/Unterforderung						
Sinn						
Team/Gemeinsamkeit						
Anerkennung						
Weiterentwicklung						

Nun haben Sie vielleicht herausgefunden, welche Lügengeschichten bei Ihnen eine besondere Rolle spielen. Und was nun damit anfangen? Was fehlt, ist – die »Moral von der Geschicht'«. Nein, nicht im Sinne einer moralinsauren und bedeutungsschweren Predigt, eher schon als knapper Handlungsvorschlag. Ausführliche Tipps dazu haben Sie bereits in den einzelnen Kapiteln dieses Buches erfahren. Hier nochmals kurz zusammengefasst die wichtigsten Erkenntnisse, mit denen sich die Lügengeschichten entzaubern lassen:

Erstes Lügenmärchen	Je mehr Geld ich verdiene, desto glücklicher bin ich	Richtig daran: Ohne das lebensnotwendige Basiseinkommen wird die Arbeit wohl kaum richtig Freude machen. Darüber hinaus aber gilt oft: Das Streben nach mehr Geld auf dem Konto erhöht die Zufriedenheit meist nur vorübergehend – dafür sorgt der Gewöhnungseffekt. Geld ist daher nur ein sehr relativer Faktor auf der Suche nach mehr Arbeitszufriedenheit.
Zweites Lügenmärchen	Nur ein sicherer Job ist ein guter Job	Sicherheit schafft ein bequemes Polster – kann aber auf die Dauer auch sehr langweilig sein. Unser Gehirn (Dopamin!) fühlt sich mit unsicheren Situationen oft gar nicht so unwohl wie wir glauben, und auch Rückschläge verkraften wir oft erstaunlich gut. Daher gilt: Man darf sich auch mal etwas trauen – vielleicht ja zunächst einmal in kleinen Schritten.
Drittes Lügenmärchen	Je leichter der Job, desto besser das Leben	Das ist leider ziemlich falsch, vielleicht die verhängnisvollste Lüge von allen. Eigentlich müsste es heißen: Je leichter der Job, desto langweiliger das Leben. Denn Unterforderung im Job schafft Langeweile – und Überforderung Stress. Die Goldene Mitte hingegen schafft »Flow« – es gilt, sich immer wieder neu zu fordern, ohne sich dabei zu überfordern.
Viertes Lügenmärchen	Ob mein Job einen Sinn hat, ist doch egal	Na ja, nicht ganz. Man kann sich über einen sinnfreien Job schon eine Zeit lang hinwegtrösten. Auf Dauer aber kann der Sinngehalt eine ganze Menge anderer Defizite kompensieren – von schlechter Bezahlung bis mangelnder Motivation. So betrachtet lohnt es sich, einen Sinn in seinem Beruf zu suchen.

Fünftes Lügenmärchen	Ohne mich läuft hier gar nichts	Auch wenn die lieben Kollegen manchmal nerven: Gemeinsam läuft es meist doch besser, es geht oft schneller, und es kann sogar mehr Spaß machen. Versuchen Sie deshalb, an möglichst vielen Stellen zusammenzuarbeiten, schaffen Sie sich (betrieblich und privat) Netzwerke, bilden Sie schlagkräftige Teams.
Sechstes Lügenmärchen	Lob? Brauche ich nicht!	Kein Lob – nirgends? Aber denken Sie daran: Lob und Anerkennung (um die vor allem geht es) hat mehrere Quellen: von außen (zum Beispiel die Kollegen), von oben (der Chef), aber eben auch von innen. Diese letzte Anerkennungsquelle steht immer zur Verfügung, Sie müssen sich diese Anerkennung nur auch selbst zugestehen.
Siebtes Lügenmärchen	Ich habe doch längst ausgelernt	Richtig ist: Weiterbildung kostet oft Zeit und Geld. Falsch ist, dass sie nichts bringt. Denn ein ganz entscheidender Punkt ist: Vor allem die Weiterbildung bringt die Chance, uns immer wieder neuen Herausforderungen zu stellen – und garantiert uns damit, dass der Job nicht langweilig wird (siehe Drittes Lügenmärchen).

So hoffe ich nun, dass die sieben »unglaublichen und doch nicht ganz wahren« Lügengeschichten aus der wundersamen Welt der Arbeit Ihnen ein wenig helfen, sich am eigenen Schopf zu packen und Sie auf dem Weg zu ein bisschen mehr Zufriedenheit bei der Arbeit unterstützen.

Viel Erfolg dabei wünscht Ihnen
Ihr Marco von Münchhausen

Literaturverzeichnis

Allgemeine Literatur

Bürger, Gottfried August: Die Abenteuer des Freiherrn von Münchhausen. Frankfurt am Main: Fischer Taschenbuch, 2008

Lückert, Heinz-Rolf (Autor); Lückert, Inge (Hrsg.): Leben ohne Angst und Panik. Ursachen und Symptome erkennen und überwinden. München: Wilhelm Goldmann, 2000

Maslow, Abraham H.: Motivation und Persönlichkeit. Reinbek: Rowohlt, 1999 (deutsche Original-Ausgabe: 1977)

Schmid, Jeanette: Lügen im Alltag – Zustandekommen und Bewertung kommunikativer Täuschungen. Münster: LIT, 2000

Erstes Lügenmärchen:
»Je mehr Geld ich verdiene, desto glücklicher bin ich«

Ahlemeier, Melanie; von der Hagen, Hans: »Mitnehmen kann keiner was.« Gespräch mit dem Unternehmer Claus Hipp. In: *Süddeutsche Zeitung,* 3.7.2008, S. 20 (http://www.sueddeutsche.de/wirtschaft/834/446570/text/)

Buchter, Heike: Das Problem beginnt bei fünf Milliarden. Interview mit Byram Karasu. In: *Die Zeit,* Nr. 37, 4.9.2008, S. 26

Frey, Bruno: Ökonomie des Glücks. In: *Wirtschaftswoche,* Nr. 14, 31.3.2008, S. 6 (http://www.zeit.de/2008/37/Superreiche-Interv_-Karasu)

Heuser, Uwe Jean: Humanomics. Die Entdeckung des Menschen in der Wirtschaft. Frankfurt/New York: Campus, 2008

Klein, Stefan: Die Glücksformel oder Wie die guten Gefühle entstehen. Reinbek: Rowohlt, 2002

Küstenmacher, Werner Tiki; Seiwert, Lothar J.: simplify your life. Einfacher und glücklicher leben. Frankfurt/New York: Campus, 2001

Layard, Richard: Die glückliche Gesellschaft. Kurswechsel für Politik und Wirtschaft. Frankfurt/New York: Campus, 2005

Maslow, Abraham H.: Motivation und Persönlichkeit. Reinbek: Rowohlt, 1999 (deutsche Original-Ausgabe: 1977)

Münchhausen, Marco von: Wo die Seele auftankt. Die besten Möglichkeiten, Ihre Ressourcen zu aktivieren. Frankfurt/New York: Campus, 2004

Nuber, Ursula: Dankbarkeit. Der Schlüssel zur Zufriedenheit. In: *Psychologie Heute,* Heft 11, 2003 S. 20–25

Ruckriegel, Karlheinz: Beyond GDP – vom Bruttoinlandsprodukt zu subjektiven Wohlfühlindikatoren. In: WiSt, Nr. 6, Juni 2008, S. 309–314

Russel, Bertrand: Eroberung des Glücks, Frankfurt: Suhrkamp, 1977

Schäfer, Annette: ...dann wäre ich endlich glücklich. In: *Psychologie Heute,* Heft 2, 2004, S. 20–27

Seligman, Martin: Der Glücks-Faktor. Warum Optimisten länger leben. Bergisch Gladbach: Lübbe, 2005

Schmuck, Peter; Kasser, Tim; Ryan, Richard M.: Intrinsic and Extrinsic Goals: Their Structure and Relationship to Well-Being in German and U. S. College Students. In: *Social Indicators Research,* Vol 50, Nr. 2 / Mai 2000, S. 225–241. Springer Netherlands

Spitzer, Manfred: Vom Sinn des Lebens. Stuttgart: Schattauer, 2007

Strack, Fritz; Schwarz, Norbert; Chassein, Brigitte; Kern, Dieter; et al: The salience of comparison standards and the activation of social norms: Consequences for judgements of happiness and their comunication. In: *British Journal of Social Psychology,* Vol 29, Nr. 4 / Dec 1990, S. 303–314.

Zweites Lügenmärchen:
»Nur ein sicherer Job ist ein guter Job«

Aspinwall, Lisa G; Staudinger, Ursula M (Eds.): A psychology of human strengths: Fundamental questions and future directions for a positive psychology. Washington, DC: American Psychological Association, 2002

Bolles, Richard Nelson: Durchstarten zum Traumjob. Das ultimative Handbuch für Ein-, Um- und Aufsteiger. Frankfurt/New York: Campus, 2009, aktualisierte Neuauflage

Glaubitz, Uta: Der Job, der zu mir passt. Das eigene Berufsziel entdecken und erreichen. Frankfurt/New York: Campus, 2009

Gulder, Angelika: Finde den Job, der Dich glücklich macht. Von der Berufung zum Beruf. Frankfurt/New York: Campus, 2007

Hamann, Götz: Fünf Gründe gegen die Trübsal. Lektion gelernt? In: *Die Zeit*, Nr. 46, 6.11.2008, S. 37 (http://www.zeit.de/2008/46/Argument-Jammerlappen)

Harss, Claudia: Yes, we can vielleicht! In: *Wirtschaft und Weiterbildung*, Heft 11/12, 2008, S. 16

House, Robert J.; Hanges, Paul J.; Javidan, Mansour; Dorfman W.; Gupta, Vipin (Eds.): Culture, Leadership, and Organizations: The GLOBE study of 62 societies. Thousand Oaks, CA: Sage, 2004

Johnson, Spencer: Die Mäuse-Strategie für Manager. Kreuzlingen: Hugendubel, 2000

Kahnemann, Daniel; Tversky, Amos: Choices, Values and Frames. Cambridge University Press, 2000

Nassehi, Armin: Risiken: »Menschen müssen die Möglichkeit bekommen zu scheitern.« Ein Gespräch mit Armin Nassehi. In: *Psychologie Heute*, Nr. 5, 2007, S. 48–53

Schäfer, Annette: »Wir sollten uns weniger Sorgen um die Zukunft machen«. Ein Gespräch mit Daniel Gilbert. In: *Psychologie Heute*, Heft 2, 2004, S. 24

Steinmüller, Angela; Steinmüller, Karlheinz: Wild Cards. Das einzig Sichere ist die Unsicherheit. In: *Psychologie Heute*, Heft 10, 2003, S. 34–39

Wilson, Timothy D.; Gilbert, Daniel. T.: Affective forecasting. In: Zanna, M. (Ed.): Advances in experimental social psychology, Vol. 35, 2003, S. 345–411. New York: Elsevier

Drittes Lügenmärchen:
»Je leichter der Job, desto besser das Leben«

Bönisch, Julia: Statisten am Schreibtisch. In: sueddeutsche.de, Job & Karriere, 14.01.2009 http://www.sueddeutsche.de/jobkarriere/683/454366/text/

Breen, Bill: The 6 Myths Of Creativity. In: *Fast Company*, Nr. 89, Dec 2004 http://www.fastcompany.com/magazine/89/creativity.html

Butler, Timothy; Waldroop, James: Wie Unternehmen ihre besten Leute an sich binden. In: *Harvard Business Manager* Heft 2, 2004, S. 70–78

Csikszentmihalyi, Mihaly: Flow im Beruf. Stuttgart: Klett-Cotta 2004, 2. Auflage

Ferris, Timothy: Die 4-Stunden Woche. Berlin: Econ 2008, 6. Auflage

Fromme, Claudia: Die Storno-Queen. In: *Süddeutsche Zeitung*, 28.01.2009, S. 9

Gallup Engagement Index 2008: www.gallup.com/Germany/117460/Engagement-f%C3%B6rdert-Wachstum.aspx

Grefe, Christiane: Mittendrin außen vor. In: *Die Zeit* vom 28.05.2003, S. 41

Hüther, Gerald: Wie gehirngerechte Führung funktioniert. In: *managerSeminare*, Heft 1, 2009, S. 30–34

Kohl, Christiane: Ein Leben ohne Bezüge. In: *Süddeutsche Zeitung*, 24.12.2006, S. 3

Kohl, Christiane: »Ich weiß wieder, warum ich aufstehe«. In: *Süddeutsche Zeitung*, 16.11.2006, S. 10

Lavie, Nilli: Perceptual load as a necessary condition for selective attention. In: *Journal of Experimental Psychology: Human Perception and Performance*, No. 21, 1995, S. 451–468

Moser, Corinna: Wie Führungskräfte Stress managen. In: *managerSeminare*, Heft 9, 2006, S. 40–46

Münchhausen, Marco von: Die vier Säulen der Lebensbalance, Berlin: Econ 2003

Münchhausen, Marco von: Entrümpeln mit dem inneren Schweinehund. München: dtv, 2008

Neidhart, Christoph: Insel der Alten. In: *Süddeutsche Zeitung*, 07.11.2007, S. 6

Nerdinger, Friedemann W.: Wie motiviert man Mitarbeiter? In: *Psychologie Heute*, Heft 08, 2007, S. 76–81

Rasche, Bernd: Muss Arbeit wirklich weh tun? In: *Süddeutsche Zeitung*, 28./29.04.2007, S. V1/16

Rohowski, Tina: Bei Anruf Lösungen. In: *Die Zeit*, 22.01.2009, S. 66

Rutenberg, Jürgen von: Der Fluch der Unterbrechung. In: *Die Zeit*, Nr. 46, 09.11.2006, S. 73 f.

Schmitz, Gregor: Arbeit muss beflügeln. In: *Süddeutsche Zeitung*, 17./18.09.2005, S. V1/15

Sonnenmoser, Marion: Es gibt ein Leben nach der Arbeit. In: *Psychologie Heute*, Heft 4, April 2007, S. 18

Unger, Hans-Peter; Kleinschmidt, Carola: Bevor der Job krank macht. München: Kösel, 2007, 4. Auflage

Ustorf, Anne-Ev: Ausgebrannt am Arbeitsplatz. In: *Psychologie Heute*, Heft 3/2007, S. 38 ff.

Wetlaufer, Suzy: Eine neue Spezies – angestellte Millionäre. In: *Harvard Business Manager* 1/2001, S. 2–3 (erstmals veröffentlicht in der *Harvard Business Review* 4/2000 unter dem Titel »Who wants to manage a Millionaire?«)

Wolf, Axel: Es gibt ein Leben jenseits des Schuftens. In: *Psychologie Heute compact* (Thema »Wendepunkte«), Heft 9/2003, S. 86–88

Viertes Lügenmärchen:
»Ob mein Job einen Sinn hat, ist doch egal«

Barthels, Katja: Feierabend für den guten Zweck. In: *Die Zeit*, Nr. 12, 13.3.2008, S. 64

Berschneider, Werner: Motivation und sinnzentrierte Definition von Mission, Vision und Werten. In: Graf, Helmut (Hg.): Mit Sinn und Werten führen. Was Viktor Frankl Managern zu sagen hat. Wien: LIT, 2005, S. 107–130

Camus, Albert: Der Mythos des Sisyphos: 6. Aufl., Reinbek: Rowohlt, 2004

Jumpertz, Sylvia: Manager auf Sinnsuche. In: *managerSeminare*, Heft 10, 2006, S. 18–20

Knuf, Andreas: Hoffnung und Sinn. In: *Psychologie Heute*, Heft 9, 2007, S. 42–45

Layard, Richard: Die glückliche Gesellschaft. Kurswechsel für Politik und Wirtschaft. Frankfurt/New York: Campus, 2005

Pircher-Friedrich, Anna Maria: Mit Sinn zum nachhaltigen Erfolg. Anleitung zur werte- und wertorientierten Führung. Berlin: Erich Schmidt Verlag, 2007, 2.Auflage

Schäfer, Annette: »Die Kombination aus Exzellenz und Ethik wirkt stimulierend«. In: *Psychologie Heute*, Heft 4, 2002, S. 29

Schäfer, Annette: Beruf und Berufung. In: *Gehirn und Geist*, Dossier: »Gute Arbeit!«, Heft 2, 2007, S. 20

Schäfer, Annette: Damit die Arbeit wieder einen Sinn hat. In: *Psychologie Heute*, Heft 4, 2002, S. 26

Wacker, Alois: Psyche im Abschwung. In: *Gehirn und Geist*, Dossier »Gute Arbeit!«, Heft 2, 2007, S. 78

Fünftes Lügenmärchen:
»Ohne mich läuft hier gar nichts«

Altenmüller, Eckart in HR 2 Kultur: http://www.hr-online.de/servlet/de.hr.cms.servlet.file/08-074.pdf?ws=hrmysql&blobId=7254124&id=34350384&forceDownload=1

Dahrendorf, Ralf: Zu einer Theorie des sozialen Konflikts. In: Zapf, W. (Hg.): Theorien des sozialen Wandels; Köln/Berlin: Kiepenheuer und Witsch, 1969, S. 108–123

Dehner, Klaus; Schnabel, Andreas: Mitarbeiterbindung: Das Gefühl der Zugehörigkeit erzeugen. In: *Wirtschaft und Weiterbildung*, Heft 6, 2008, S. 22

Hecht, Martin: Bring Dich ein! Ganz! In: *Psychologie Heute*, Heft 7, 2007, S. 73–75

Hugo-Becker, Annegret; Becker, Henning: Psychologisches Konfliktmanagement. München: dtv/Beck, 2000 (3. Auflage)

Jacoby, Anne: Wenn der Chef den Vater spielt. *Frankfurter Allgemeine Hochschulanzeiger* Nr. 84, 2006

Karau, S. J.; Williams, K. D.: Social loafing: A meta-analytic review and theoretical integration. In: *Journal of Personality and Social Psychology*, No 65(4), 1993, S. 681–706

Kellner, Hedwig: Die Team-Lüge. Von der Kunst, den eigenen Weg zu gehen. Frankfurt: Eichborn, 1997

Klingst, Martin: Die Frau an seiner Seite. In: *Die Zeit*, 27.11.2008, S. 2

Malik, Fredmund: Der Mythos vom Team, *Psychologie Heute*, Heft 8, 1999, S. 32–35

Mandl, Heinz: Die Blütezeit für Teamarbeit wird erst noch kommen. In: *Psychologie Heute*, Heft 8, 1999, S. 36–39

Michel, Kai: Gruppen machen schlau. In: *Die Zeit*, 6.11.2008, S. 44

Münchhausen, Marco von; Scherer, Hermann: Die kleinen Saboteure. So managen Sie die inneren Schweinehunde im Unternehmen. Frankfurt/ New York: Campus, 2003

Ohlert, Jeannine: Teamleistung. Social Loafing in der Vorbereitung auf eine Gruppenaufgabe. Dissertation. Hamburg: Dr. Kovac, 2009

Pawlowsky, Peter; Mistele, Peter; Geithner, Silke: Hochleistung unter Lebensgefahr. In: *Harvard Business Manager,* November 2005, S. 50–58

Peter, Laurence J.; Hull, Raymond Hull: The Peter Principle, New York: William Morrow, 1969

Schramm, Stefanie: Im Kopf der anderen. In: *Die Zeit,* 6.12.2007, S. 49

Sechstes Lügenmärchen:
»Lob? Brauche ich nicht!«

Borgeest, Bernhard: Richtig loben! In: *Focus,* Nr. 40, 2008, S. 63–68 http:// www.focus.de/karriere/management/motivation/tid-12170/lebenskunst-richtig-loben_aid_336454.html

Klein, Stefan: Die Glücksformel oder Wie die guten Gefühle entstehen. Reinbek: Rowohlt, 2002

Layard, Richard: Die glückliche Gesellschaft. Kurswechsel für Politik und Wirtschaft. Frankfurt/New York: Campus, 2005

Löhner, Michael; Hennig, Carsten; Jacoby, Anne, Kebbel, Gerhard: Führung neu denken. Das Drei-Stufen-Konzept für erfolgreiche Manager und Unternehmen. Frankfurt/New York: Campus, 2005

Nuber, Ursula: Beachte mich! In: *Psychologie Heute,* Heft 7/2001, S. 20–27

Nuber, Ursula: Ein starkes Selbst: Die Quelle unserer Kraft. In: *Psychologie Heute,* Heft 4, 2005, S. 20–28

o. A.: Ein Lob, das niemand haben will. In: *Süddeutsche Zeitung,* 14./15.03.2009, S. 53

Otto, Anne: Wertschätzung. In: *Psychologie Heute,* Heft 11, 2006, S. 28–31

Reinhart, Susie: Selbstachtung: Die Anerkennung, die uns unabhängig macht. In: *Psychologie Heute,* Heft 11, 2006, S. 20–24

Siebtes Lügenmärchen:
»Ich habe doch längst ausgelernt«

Asgodom, Sabine: Höher, weiter, besser. Warum Weiterbildung doch sinnvoll ist. In: *Süddeutsche Zeitung*, 3./4.01.2009, S. V2/5

Meister, Franziska: »Ich kann nicht mehr...« Interview mit Daniela Holzer. In: *WOZ*, Die *Wochenzeitung*, 18.06.2008, http://www.woz.ch/artikel/ archiv/18076.html

Gris, Richard: Die Weiterbildungslüge. Warum Seminare und Trainings Kapital vernichten und Karrieren knicken. Frankfurt/New York: Campus, 2008

Holzer, Daniela: Der unsinnige Zwang zum lebenslangen Lernen. In: *manager-Seminare*, Heft 109, April 2007, S. 20 f.

o. A.: Für berufliche Weiterbildung selbst zahlen? Ja, gerne! In: *Wirtschaft und Weiterbildung*, Heft 6, 2007, S. 30

Reich, Jutta: Soziale Milieus als Instrument des Zielgruppenmarketings in der Weiterbildung. In: *Bildungsforschung*, Jahrgang 2, Heft 2, 2005. http:// www.bildungsforschung.org/Archiv/2005-01/milieus/

Register

Dr. Marco Freiherr von Münchhausen

ist renommierter Referent und Trainer im Bereich
Persönlichkeits- und Selbstmanagement.
Seine Vorträge und Seminare hält er europaweit
zu folgenden Themen:

- ## Die sieben Lügenmärchen von der Arbeit
  ... und was Sie im Job wirklich erfolgreich macht

- ## Motivation und Stressmanagement
  Wie Sie Ihre Ziele effektiver und mit weniger
  Reibungsverlusten erreichen

- ## Selbstmanagement im Alltag
  Wie Sie Ihren inneren Schweinehund zähmen und zum
  Freund machen

- ## Work-Life-Balance
  Wie Sie Berufs- und Privatleben in Einklang
  bringen

- ## Aktivierung innerer Ressourcen
  Wie Sie Ihren inneren Akku immer wieder
  aufladen können

Nähere Informationen hierzu und Buchungsmöglichkeiten
im Internet:
www.vonmuenchhausen.de

Marco und Noreen
von Münchhausen
**Locker bleiben mit dem
inneren Schweinehund**
Schule, Eltern, Alltag –
alles im Griff

2009, 160 Seiten, gebunden
ISBN 978-3-593-38842-7

Motivier das Tier in dir

Jeder Teenie kennt es: »Kein Bock« – »Pack ich nicht« – »Schiss davor«. Wo solche Sprüche fallen, spricht der innere Schweinehund. So gibt es immer wieder Zoff mit den Eltern, Ärger in der Schule oder Gezicke in der Clique. Dabei will der Schweinehund ebenso wie sein junges Herrchen oder Frauchen eigentlich nur eins: keinen Stress! Zum Glück sind junge Schweinehunde viel leichter auszutricksen als ihre älteren Artgenossen – wenn man weiß, wie.
In diesem ebenso witzigen wie hilfreichen Buch zeigen Motivationsexperte Marco von Münchhausen und seine Tochter Noreen, wie Jugendliche ihren inneren Schweinehund motivieren und den Alltag ganz lässig in den Griff bekommen.